Interpretation der Anforderungen
1. Auflage

TÜV Media

Die ISO 50001:2018

Autoren:

Dr. Ludger Pautmeier
Volker Sonntag (Teil A1)

Bibliografische Informationen der Deutschen Nationalibliothek
Die Deutsche Nationalibliothek verzeichnet diese Publikation in der Deutschen Nationalbibliografie. Detaillierte bibliografische Daten sind im Internet über http://dnb.d-nb.de abrufbar.

ISBN 978-3-7406-0806-4 (Print)
ISBN 978-3-7406-0807-1 (E-Book)

Hinweise zum Gendern:
Innerhalb unserer Publikationen setzen wir auf eine gendergerechte Sprache. Für einen gleichbleibend hohen Lesefluss verzichten wir auf das Gendersternchen und verwenden wo möglich eine neutrale Sprache, um alle Geschlechter zu adressieren.

Vorwort

Zielgruppe und Zielsetzung

Diese Broschüre richtet sich an Mitglieder eines Energieteams, Beraterinnen und Berater sowie Auditorinnen und Auditoren, kurz an alle, die am Aufbau und an der Aufrechterhaltung sowie Prüfung eines Energiemanagementsystems beteiligt sind. Sie interpretiert und erläutert die Anforderungen der ISO 50001:2018. Ziel der Broschüre ist es, das Verständnis für die Normforderungen zu erhöhen und Anregungen für deren unmittelbare Umsetzung zu geben.

Aufbau der Broschüre

Teil A dieser Broschüre besteht aus zwei Fachartikeln, einem Übersichtsartikel über die Norm und einem Beitrag zur energetischen Bewertung, dem Herzstück der ISO 50001. Im Übersichtsbeitrag erhalten Sie gut verständliche Erläuterungen zu den einzelnen Normabschnitten, aber auch zu anderen wichtigen Normen wie ISO 50003, ISO 50006 und ISO 50015. Auch markante Neuerungen gegenüber der ISO 5001:2011 werden dargestellt. Der Artikel zur energetischen Bewertung konzentriert sich auf die wichtigen Planungsabschnitte Energetische Bewertung (6.3), Energiekennzahlen (6.4) und Ausgangsbasen (6.5). Hier werden nicht nur normkonforme Lösungsbeispiele gezeigt, sondern auch in der Praxis aufkommende Besonderheiten und Fragestellungen im Detail erläutert.

Im Teil B werden die Anforderungen der Norm tabellarisch in verständlicher Form aufgelistet und gegebenenfalls weiter erläutert. Dokumentationsbeispiele zeigen, wie die Umsetzung der Norm nachgewiesen werden kann. Welche sogenannte dokumentierte Information verbindlich gefordert wird, kann dem Übersichtsbeitrag in Teil A1 entnommen werden. Die beigefügte Arbeitshilfe kann auch in Audits eingesetzt werden.

Wir hoffen, Ihnen mit dieser Broschüre und den beigefügten Arbeitshilfen sowohl das Wissen wie auch das praktische Handwerkzeug zu liefern, mit dem Sie erfolgreich ein Energiemanagementsystem nach ISO 50001 einführen können – nicht als Selbstzweck, sondern letztlich, um die Energieeffizienz Ihres Unternehmens zu verbessern.

Arbeitshilfen zum Download

Die im Text angeführten Klammersymbole verweisen auf Arbeitshilfen, die wir Ihnen zum Download bereitgestellt haben:

📎	ressourcenplanung_enms.docx	To-do-Liste EnMS mit Aufgabenpaketen und Ressourcenplanung, ISO 50001:2018
	Musterformular zur Ressourcenplanung für die Einführung eines Energiemanagementsystems	
📎	energetische_bewertung.xlsx	Excel-Tool zur energetischen Bewertung
	Excel-Tool zur energetischen Bewertung mit den Reitern „Erfassung und Bewertung der Energiearten", „Detailanalyse der Energieeinsätze", „SEU" (Merkmale der wesentlichen Nutzer) und „Chancen" (Bewertung der Energieeinsparpotenziale)	
📎	anforderungen_50001_audithilfe.docx/pdf	Interpretation der einzelnen Anforderungen
	Vollständige Auflistung der Normanforderungen mit Erläuterungen und Dokumentationsbeispielen. Die elektronische Form der Liste kann auch in Audits eingesetzt werden.	

Die Arbeitshilfen stehen für Sie zum Download bereit unter:

https://www.qm-aktuell.de/60806-2/

Passwort: 23102

Sie können die Dokumente frei bearbeiten und an Ihre eigenen betrieblichen Anforderungen anpassen.

Inhalt

Teil A1: ISO 50001:2018 – System einführen, Anforderungen verstehen und umsetzen

Autor: Volker Sonntag

1 Einführung

Am 21.08.2018 wurde die finale Fassung der überarbeiteten Version der ISO 50001:2018 in englischer Sprache veröffentlicht. Die dazugehörige deutsche Fassung (DIN EN) wurde am 16.11.2018 publiziert. Somit ist nun neben den Normen für Managementsysteme zu den Themen Umwelt (ISO 14001), Qualität (ISO 9001), Arbeits- und Gesundheitsschutz (ISO 45001) sowie Informationssicherheit (ISO 27001) auch die Norm für Energiemanagementsysteme (EnMS) auf der Basis der High-Level-Struktur (HLS) bzw. seit 2021 der Harmonized Structure (HS) verfügbar. Nach den Ergebnissen der Umfrage im Jahr 2017 durch die International Organization for Standardization sind mittlerweile weltweit über 28.000 Unternehmen nach der ISO 50001 zertifiziert, mit weiterhin steigender Tendenz (https://www.iso.org/the-iso-survey.html).

Aufbau und wesentliche Änderungen

Der Aufbau der DIN EN ISO 50001:2018 (im Folgenden ISO 50001 abgekürzt) orientiert sich wie andere Managementsysteme an der High Level bzw. Harmonized Structure und weiterhin am PDCA-Zyklus. Die inhaltlichen Anforderungen an ein EnMS sind auf die Kapitel 4 bis 10 verteilt (s. Abb. 1). Die Kapitel 1 bis 3 beschreiben den Anwendungsbereich, normative Verweisungen und Begriffe.

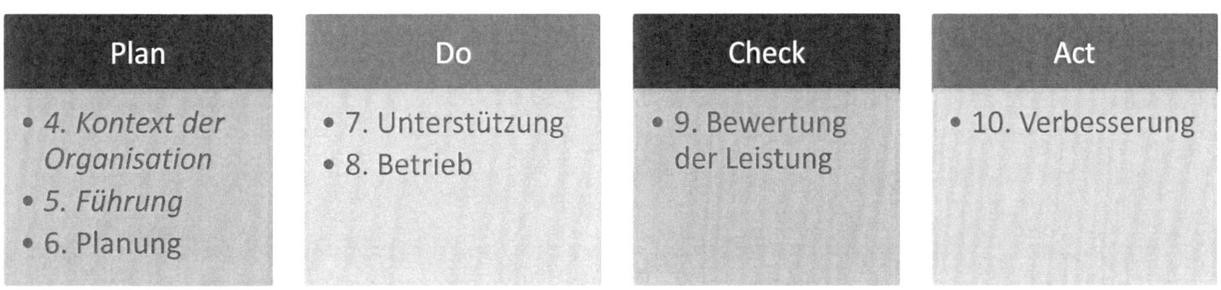

Abb. 1: Aufbau der ISO 50001 (Kontext und Führung sind der Vereinfachung halber in den Planungsblock gepackt)

Die wesentlichen Änderungen der Norm gegenüber der Fassung von 2011 umfassen beispielsweise die Konkretisierung der Anforderungen zur energetischen Bewertung sowie die Ausweitung bzw. Konkretisierung der Verantwortung der obersten Leitung. Weiterhin ist nun auch für das EnMS, ähnlich wie bei den anderen Managementsystemen, eine Kontextanalyse und Identifizierung der Anforderungen der interessierten Parteien sowie eine Risiken- und Chancenanalyse gefordert. Zudem ist die Benennung eines Managementbeauftragten nicht mehr notwendig, dafür aber die Benennung eines Energieteams obligatorisch.

Prozessorientierung bevorzugt

An dieser Stelle sei schon erwähnt, dass die ISO 50001:2018 den Aufbau und die Optimierung eines EnMS „prozessorientiert und integriert in andere Geschäftsprozesse" favorisiert. Die Art der Dokumentation ist wie bisher völlig freigestellt (z. B. Handbücher, Anweisungen, Prozessbeschreibungen etc.).

Dieser Artikel basiert inhaltlich größtenteils auf den 10 Kapiteln der ISO 50001:2018, somit kann direkt ein Bezug zur Norm hergestellt werden.

Motivation zur Einführung eines Energiemanagementsystems

Die Einführung eines EnMS nach der ISO 50001 hat zahlreiche Vorteile, die in der Abbildung 2 zusammengefasst sind.

Umwelt und Nachhaltigkeit
- Reduktion des Energieverbrauchs bzw. Steigerung der Energieeffizienz
- Senkung der Treibhausgasemissionen

Rechtssicherheit
- Identifizierung und Umsetzung der energierechtlichen Anforderungen
- Nachweis der Rechtskonformität

Wirtschaftlichkeit
- Verringerung der spezifischen Energiekosten
- Schaffung von Wettbewerbsvorteilen

Transparenz
- Identifizierung von Optimierungspotenzialen bei den Prozessen und der Anlagentechnik
- Erarbeitung von Kostentransparenz

Bewusstsein und Motivation
- Sensibilisierung der Mitarbeiter zum Thema Energieeffizienz
- Steigerung der Motivation der Mitarbeiter aufgrund eines bewussten Umgangs mit Ressourcen

Image
- Nachweis über das Energiebewusstsein des Unternehmens für interessierte Parteien
- Förderung eines positiven Images

Staatliche Förderungen
- Nutzung der staatlichen Fördermittel für Projekte zur Energieeffizienz
- Realisierung finanzieller Vorteile für Strom- und Energiesteuer sowie die BesAR im EEG und KWKG

Abb. 2: Vorteile der Einführung eines EnMS nach der ISO 50001

2 Harmonisierung der Managementsystemnormen über die HLS/HS

2.1 Sinn und Zweck der HLS/HS

Die High-Level-Struktur (seit 2021 und somit für alle seitdem veröffentlichten und zu veröffentlichenden Normen gültig: Harmonized Structure) und die damit verbundenen Gemeinsamkeiten bei den Begriffen und Anforderungen sollen eine Integration der verschiedenen Managementsysteme erleichtern und die Audits dieser integrierten Managementsysteme vereinfachen. Sie dient nicht als Vorlage für die interne Dokumentationsstruktur. Vielmehr kommt es darauf an, die Anforderungen der Norm in die Unternehmensprozesse zu integrieren und somit das System mit „Leben zu erfüllen."

Risikobasierter Ansatz

Die Umstellung aller seit 2012 veröffentlichten Normen auf die HLS folgt seit 2018 auch beim EnMS einem stärkeren prozessorientierten und risikobasierten Ansatz und berücksichtigt die Interessen und Erwartungen des Unternehmensumfelds.

2.2 Integrierbarkeit in die Managementsysteme Qualität, Umwelt und Arbeitschutz

Weniger Aufwand durch integrierte Dokumentation

Durch die Integration können viele Synergieeffekte genutzt werden, indem die geforderte Dokumentation, wie z. B. Unternehmenspolitik und -ziele, Aktionspläne oder auch ein Großteil eines Handbuchs (sofern gewünscht) bzw. die prozessorientierten Dokumente, für mehrere Managementsysteme eingesetzt wird und nur um die neuen Themen erweitert werden muss. Aus diesem Grund kann sich der interne Aufwand bei der Einführung eines weiteren Managementsystems reduzieren.

2.3 Exkurs: Übersicht über die Normenreihe ISO 5000x

ISO 50006

Neben der ISO 50001 gibt es noch weitere Normen der ISO-5000x-Reihe, die die Unternehmen im Blick behalten sollten. Ein wichtiges Dokument ist die ISO 50006, die als Leitfaden die Messung der energiebezogenen Leistung thematisiert. Dabei wird im Leitfaden insbesondere auf die Begriffe energetische Ausgangsbasen (EnB), Energieleistungskennzahlen (EnPI) und Einflussfaktoren auf den Energieverbrauch sowie deren Berücksichtigung (Normalisierung) eingegangen.

ISO 50003

Weiterhin hat aber auch die ISO 50003, die für die Zertifizierungsstellen gilt, einen großen Einfluss auf die Unternehmen. Hier ist festgehalten, welche Anforderungen die Zertifizierungsstellen für die Auditierung und Zertifikatsvergabe einhalten müssen. Diese Kriterien stellen somit auch indirekt Anforderungen an die Unternehmen und betreffen vor allem den Umfang der externen Audits und unter welchen Voraussetzungen die Zertifizierer den Nachweis der Verbesserung der energiebezogenen Leistung bestätigen können.

ISO 50015

Auch die ISO 50015 soll nicht unerwähnt bleiben. In diesem Leitfaden wird der Prozess der Messung im Unternehmen im Detail von der Erstellung eines Mess- und Verifizierungsplans über die Voraussetzungen der beteiligten Personen bis hin zur Verifizierungsdokumentation der getätigten Messung beschrieben.

Eine Übersicht der oben beschriebenen Normen und Leitfäden der ISO-5000x-Reihe ist in Abbildung 3 noch einmal gebündelt dargestellt.

ISO 50003	ISO 50006	ISO 50015
• Anforderungen an die Zertifizierungsstellen • indirekte Anforderungen für die Unternehmen u. a. zum Umfang des Audits und zum Nachweis der energiebezogenen Leistung	• Leitfaden zur Messung der energiebezogenen Leistung • energetische Ausgangsbasen (EnB) und Energieleistungs-kennzahlen (EnPI)	• Leitfaden zur Messung und Verifizierung der energiebezogenen Leistung von Organisationen

Abb. 3: Übersicht über weitere Normen und Leitfäden der ISO-5000x-Reihe

3 Begriffsdefinitionen

Das gewohnte Kapitel 3 zur Begriffsdefinition ist auch bei der Normrevision weiterhin erhalten geblieben. Die Begriffsdefinitionen sind thematisch nach organisatorischem, management-, anforderungs-, leistungs- und energiebezogenem Kontext sortiert. Einige der Begriffsdefinitionen sollen hier kurz vorgestellt werden, um die Anforderungen der Normrevision im weiteren Verlauf dieser Publikation verständlicher zu gestalten.

Energiebezogene Leistung

Die vermutlich wichtigste Begriffsdefinition ist die *der energiebezogenen Leistung* (3.4.3). Darunter versteht man die messbaren Ergebnisse bezüglich *Energieeffizienz, Energieeinsatz und Energieverbrauch*. Abgekürzt wird die energiebezogene Leistung in dieser Publikation mit ebL.

Energieverbrauch

Der *Energieverbrauch* (3.5.2) meint damit die Menge der eingesetzten Energie (Elektrizität, Brennstoffe, Dampf, Wärme, Druckluft und vergleichbare Medien).

Energieeinsatz

Der *Energieeinsatz* (3.5.4) beschreibt die Anwendung von Energie. Es geht um die Endnutzung, also z. B. Lüftung, Beleuchtung, Heizung, Kühlung, Transport, Datenspeicherung und Produktionsprozess.

Energieeffizienz

Die *Energieeffizienz* (3.5.3) setzt die erzielte Leistung (z. B. produzierte Güter, Dienstleistungen, Waren oder Energie) in den Zusammenhang mit dem *Energieverbrauch*.

Möchte ein Unternehmen die Verbesserung der energiebezogenen Leistung erreichen, so kann es z. B. den *Energieverbrauch* reduzieren (vorausgesetzt es gibt keine Änderungen) oder z. B. die *Energieeffizienz* steigern. Der Vergleich wird in diesem Zusammenhang immer auf eine *energetische Ausgangsbasis* bezogen.

Energetische Ausgangsbasis

Die *energetische Ausgangsbasis* (3.4.7) ist dabei der quantitative Referenzpunkt als Basis für einen Vergleich der *energiebezogenen Leistung*. Die *energetische Ausgangsbasis* beruht auf Daten über einen bestimmten Zeitraum. Es kann auch mehrere energetische Ausgangsbasen geben.

Energieleistungskennzahlen

Um die *energiebezogene Leistung* messen, überwachen und darstellen zu können, ist die Erhebung von *Energieleistungskennzahlen* (EnPI) im Unternehmen unerlässlich. Dabei empfiehlt es sich, möglichst detaillierte Kennzahlen je Energieträger, Standort, Bereich, Anlage, Produkt etc. zu ermitteln. Die *Energieleistungskennzahlen* spiegeln die *energiebezogene Leistung* über einen Zeitraum hinweg wider. Kennzahlen können in diesem Zusammenhang absolute Werte, Verhältnisse oder auch statistisch ermittelte Modelle (Gleichungen) sein (3.4.4).

Energetische Bewertung

Die Analyse der *energiebezogenen Leistung* erfolgt über die regelmäßig stattfindende *energetische Bewertung* (3.5.5). Hier ist u. a. das Ziel die SEUs (significant energy uses) zu identifizieren.

Die *SEUs* (3.5.6) definieren den *Energieeinsatz*, der wesentlichen Anteil am *Energieverbrauch* hat und/oder erhebliches Potenzial für eine *Verbesserung der energiebezogenen Leistung* bietet. Als Beispiel kann in einem Unternehmen eine Produktionslinie oder die zentrale Lüftungsanlage ein SEU sein. Die Kriterien für „wesentlich" legt die Organisation fest.

Interessierte Parteien

In der Norm ist zudem auch die Rede von der *interessierten Partei* (3.1.5). Darunter versteht die Norm eine Person oder *Organisation*, die eine Entscheidung oder Tätigkeit beeinflussen kann, davon beeinflusst sein kann oder sich davon beeinflusst fühlen kann.

Organisation

Auch der Begriff *Organisation* (3.1.1) wird in der Norm immer wieder erwähnt. Dieser Begriff ist als Person oder Personengruppe definiert, die eigene Funktionen mit Verantwortlichkeiten, Befugnissen und Beziehungen haben, um ihre Ziele zu erreichen. Wir verwenden im Folgenden vereinfachend den Begriff „Unternehmen".

Oberste Leitung

Als *oberste Leitung* (engl. *Top Management*) wird die Person(engruppe) verstanden, die eine Organisation auf der obersten Ebene führt und steuert (3.1.2).

Nachfolgend werden die Anforderungen der Norm ISO 50001:2018 vorgestellt, die Neuerungen herausgearbeitet und in einigen Bereichen mit Praxisbeispielen unterlegt.

4 Kontext – das Umfeld des Unternehmens

4.1 Verstehen des Kontextes des Unternehmens

Wenn das Unternehmen seinen Kontext verstehen möchte, muss es die externen und internen Themen im Unternehmen bestimmen, die einen Einfluss auf das EnMS oder die energiebezogene Leistung haben können.

Beispiel 1

Zum Beispiel können der demografische Wandel und damit verbundene Ressourcenengpässe (fehlendes Fachpersonal) als externes bzw. internes Thema das Unternehmen beeinflussen, indem beispielsweise intern kein qualifiziertes Personal vorhanden oder extern kaum geeignete Wartungsfirmen zu finden sind und entsprechend mit längeren Wartezeiten für die Wartungstermine gerechnet werden muss. Ein typisches internes Thema mit Einfluss u. a. auf das EnMS ist das Wissensmanagement. Ist dies schwach entwickelt, so kann es dazu kommen, dass bei Ausscheiden qualifizierter Mitarbeiterinnen und Mitarbeiter Prozesse nicht mehr (optimal) aufrechterhalten werden können.

Beispiel 2

Ebenso könnte es sein, dass die politischen Rahmenbedingungen plötzlich neue Fördermittel entstehen lassen, die sich für Investitionsvorhaben in Energieoptimierungsmaßnahmen nutzen lassen.

Die externen Themen können sich beispielsweise aus den in Abbildung 4 dargestellten Bereichen ergeben.

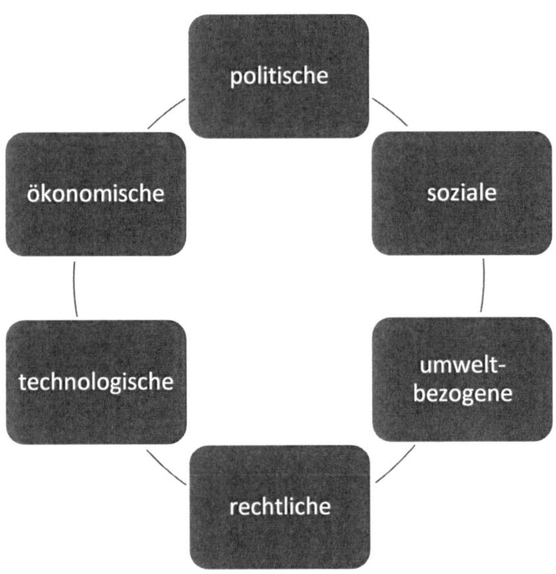

Abb. 4: Typische externe Bereiche für Unternehmen (PESTEL-Ansatz)

4.2 Erfordernisse und Erwartungen interessierter Parteien (inkl. Identifizierung rechtlicher und anderer Anforderungen)

Neben internen und externen Themen, die das EnMS und die energiebezogene Leistung beeinflussen können, müssen auch Erwartungen interessierter Parteien analysiert und bewertet werden. In diesem Zusammenhang fordert die Norm die Ermittlung der Anforderungen der interessierten Parteien, die das EnMS verbindlich behandeln muss.

Rechtsvorschriften

Beispiel für eine interessierte Partei könnte die Behörde sein, mit der Erwartung, geltende energierelevante Rechtsvorschriften oder bestimmte Genehmigungsauflagen einzuhalten. Diese rechtlichen Vorgaben sind verbindlich im System aufzunehmen.

Im Gegensatz zur ISO 14001:2015 und zur ISO 45001:2018 finden sich hier auch die Anforderungen an die konkrete Identifizierung und Umsetzung energierelevanter Rechtsvorschriften und ggf. anderer übernommener Anforderungen.

Klimawandel als Kriterium in Managementsystemen

Basierend auf ihrer Selbstverpflichtung, der sog. „Londoner Erklärung", sich aktiv an der Bekämpfung des Klimawandels zu beteiligen, hat die ISO im Januar 2024 auch in der ISO 50001 eine kleine Ergänzung eingefügt.

Im Rahmen der Kontextanalyse muss die Organisation bestimmen, ob der Klimawandel ein relevantes Thema ist. Bei den Erwartungen interessierter Parteien wird in einer weiteren Anmerkung darauf hingewiesen, dass relevante interessierte Parteien Anforderungen im Zusammenhang mit dem Klimawandel haben können.

Stellt das Unternehmen fest, dass der Klimawandel ein relevantes Thema ist, sind je nach den damit verbundenen Risiken und Chancen entsprechende Maßnahmen im Managementsystem zu ergreifen. Das heißt nicht, dass die Reduzierung der Treibhausgasemissionen dann automatisch zu einem weiteren sog. „beabsichtigten Ergebnis" wird. Vielmehr kann es ganz konkrete Folgen des Klimawandels geben, z. B. Überschwemmungen, die den Klimawandel zu einem relevanten Thema machen.

4.3 Festlegen des Anwendungsbereichs und der Grenzen

Erst wenn das Unternehmen sich dem Unternehmensumfeld, bestehend aus den internen und externen Themen sowie den Anforderungen interessierter Parteien bewusst ist, sollte es sich mit dem Festlegen des Anwendungsbereichs beschäftigen.

Handlungsspielräume berücksichtigen

Bei der Festlegung des Anwendungsbereichs müssen neben diesen Punkten auch die möglichen Handlungsspielräume und die Befugnis zur Steuerung der energiebezogenen Leistung beachtet werden. Hierunter fallen zum Beispiel Mietverhältnisse, die nur eine geringe Eingriffsmöglichkeit bedeuten können.

Auch gesetzliche Regelungen können Anforderungen an den Anwendungsbereich stellen; z. B. ermöglichen die Ausführungen des BAFA zum Energieaudit nach EDL-G (analog ISO 50001), dass Standorte oder Unternehmensbereiche mit einem Energieverbrauch von max. 10 % des Gesamtenergieverbrauchs ausgeschlossen werden können. Innerhalb des dann festgelegten Anwendungsbereichs und dessen Grenzen dürfen jedoch keine Energiequellen ausgeschlossen werden.

4.4 Anforderungen an das Energiemanagementsystem

Das EnMS sollte nicht nur auf dem Papier existieren, sondern muss eingeführt, verwirklicht, aufrechterhalten und fortlaufend verbessert, kurz gesagt: gelebt werden. Gleiches gilt auch für die damit verbundenen Prozesse und ihre Wechselwirkungen. Neben der Verbesserung des Systems wird auch die fortlaufende Verbesserung der energiebezogenen Leistung gefordert. Beide bilden die sogenannten beabsichtigten Ergebnisse des EnMS.

5 Verantwortung/Verpflichtung der Unternehmensführung

5.1 Zusammenfassung der Aufgaben des Managements

Die Norm fordert, dass die oberste Leitung Führung und Verpflichtung zeigt, indem sie Folgendes sicherstellt:

- Festlegung des Anwendungsbereichs des EnMS,
- Festlegung der Energiepolitik und der Ziele sowie deren Vereinbarung mit der strategischen Ausrichtung der Organisation,
- Integration der Anforderungen des EnMS in die Geschäftsprozesse der Organisation,
- Umsetzung der Aktionspläne,
- Bereitstellung der notwendigen Ressourcen für das EnMS,
- Vermittlung der Bedeutung eines wirksamen EnMS und der Erfüllung der Anforderungen des EnMS,
- Erzielung der beabsichtigten Ergebnisse,
- Förderung der fortlaufenden Verbesserung der energiebezogenen Leistung und des EnMS,
- Bildung eines Energiemanagement-Teams,
- Anleitung und Unterstützung von Personen, damit diese zur Wirksamkeit des EnMS und der Verbesserung der energiebezogenen Leistung beitragen können,
- Unterstützung weiterer Führungskräfte, damit diese ihrer Führungsrolle im jeweiligen Verantwortungsbereich gerecht werden können,
- Darstellung der energiebezogenen Leistung durch geeignete EnPIs,
- Festlegung und Umsetzung von Prozessen, um Veränderungen, die das EnMS oder die energiebezogene Leistung beeinflussen können, zu bestimmen und zu behandeln.

Rechenschaftspflicht

Dabei ist zu betonen, dass selbst dann, wenn die oberste Leitung einzelne Aufgaben über Bestellungen oder Delegationen an andere Mitarbeiter organisatorisch abgibt, sie dennoch zu jedem Zeitpunkt die Verantwortung zur Sicherstellung der Prozesse behält. Die Rechenschaftspflicht trägt die oberste Leitung.

5.2 Festlegung der Energiepolitik

Bei der Erstellung der Energiepolitik müssen eine Reihe von Inhalten bedacht werden. Die Energiepolitik muss:

Geforderte Inhalte

- dem Zweck der Organisation angemessen sein,
- den Rahmen für die Ziele und Energieziele bieten,
- eine Verpflichtung zur Bereitstellung der benötigten Informationen und Ressourcen beinhalten,
- eine Verpflichtung zur Erfüllung der geltenden energierelevanten rechtlichen und anderen Anforderungen enthalten,
- eine Verpflichtung zur fortlaufenden Verbesserung der energiebezogenen Leistung und des EnMS einschließen,
- zur Beschaffung von energieeffizienten Produkten und Dienstleistungen beitragen,

- die Auslegung neuer, veränderter oder renovierter Anlagen/Standorte, Einrichtungen, Systeme und Energie nutzender Prozesse unterstützen, die die Verbesserung der energiebezogenen Leistung berücksichtigen,
- als Dokument vorhanden sein und innerhalb der Organisation bekannt gemacht werden,
- für interessierte Parteien (soweit angemessen) verfügbar sein,
- regelmäßig überprüft und ggf. aktualisiert werden.

Neu im Vergleich zur Vorgängerversion

Neu im Vergleich zur Vorgängerversion sind zum einen die auslegungsbezogenen Tätigkeiten (zumindest in der deutschen Version) und die Bereitstellung der Energiepolitik für die interessierten Parteien.

5.3 Rollen, Verantwortlichkeiten und Befugnisse

Bei den Rollen ist in der Revision 2018 die Ernennung eines Energiemanagementbeauftragten entfallen. Ersetzt wurde dies durch die stärkere Betonung der Zuweisung von Verantwortlichkeiten und Befugnissen für bestimmte Rollen und deren Bekanntmachung durch die oberste Leitung.

Dabei muss die oberste Leitung insbesondere dem Energieteam die Verantwortlichkeit und Befugnis zuweisen für:

- die Sicherstellung der Einführung, Verwirklichung, Aufrechterhaltung und fortlaufenden Verbesserung des EnMS,
- die Sicherstellung der Erfüllung der Anforderungen der ISO 50001,
- die Umsetzung von Aktionsplänen zur fortlaufenden Verbesserung der energiebezogenen Leistung,
- Berichte an die oberste Leitung zur Leistung des EnMS und die Verbesserung der energiebezogenen Leistung in festgelegten Zeitabständen,
- das Festlegen von Kriterien und Verfahren für das Sicherstellen einer wirksamen Funktion und Steuerung des EnMS.

Energieteam

Dadurch, dass in der Normrevision kein Energiemanagementbeauftragter mehr gefordert ist, ist nun explizit die Bildung eines Energieteams vorgesehen. Die Norm definiert dabei das Energieteam als Personen mit der Verantwortlichkeit und Befugnis für die wirksame Umsetzung eines EnMS sowie für die Verbesserung der energiebezogenen Leistung.

Empfehlenswert für die Besetzung des Energieteams sind beispielsweise folgende Personen bzw. Fachbereiche:

- Energiebeauftragter/-manager
- Betriebs-, Werksleitung
- Produktionsleitung
- Wartung- und Instandhaltungsleiter
- Einkauf
- Facility Management
- Controlling
- Ggf. Personal- bzw. Betriebsrat
- Verantwortliche anderer Managementsysteme

6 Die Planung des Energiemanagementsystems

6.1 Wie mit Chancen und Risiken umgehen?

Es muss nun eine Planung von Maßnahmen zum Umgang mit Risiken und Chancen erfolgen, und diese müssen in die Geschäftsprozesse integriert und regelmäßig auf ihre Wirksamkeit hin geprüft werden. Dadurch soll sichergestellt werden, dass das EnMS die beabsichtigen Ziele erreichen kann, unerwünschte Auswirkungen verhindert oder mindestens verringert und eine fortlaufende Verbesserung des EnMS und der energiebezogenen Leistung erreicht.

Das Betrachten und Bewerten von Risiken und Chancen ist Teil der strategischen Überlegungen in jedem Unternehmen. Um Risiken und Chancen über mögliche Szenarien zu identifizieren, muss Klarheit über den Kontext bestehen, d. h. über das Unternehmensumfeld. Abbildung 5 zeigt die Quellen, die bei einer Risiko- und Chancenbetrachtung herangezogen werden sollten.

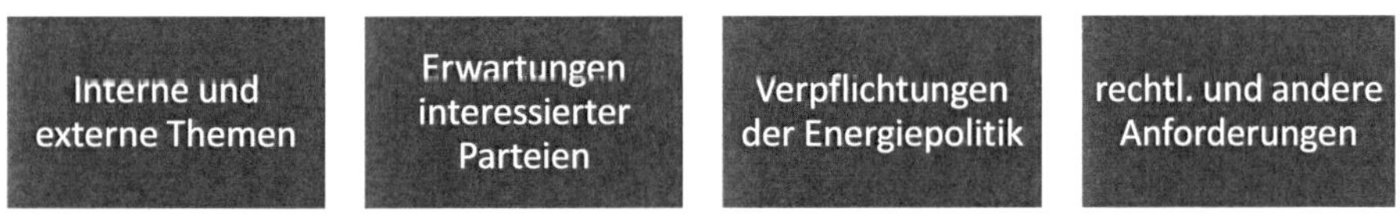

Abb. 5: Quellen für die Risiken- und Chancenbewertung

So kann beispielsweise durch die Nutzung von selbst erzeugter Energie aus regenerativen Anlagen oder durch ein Blockheizkraftwerk die CO_2-Bilanz verbessert, gleichzeitig aber der Energiepreis für den Restbezug durch die geringere Abnahmemenge erhöht werden. Zudem besteht das Risiko des Ausfalls der Eigenerzeugung. **Beispiele**

Proaktive Werbung zu erreichten Energieeinsparerfolgen kann z. B. das Image bei den Kunden verbessern, erhöht aber auch die Transparenz gegenüber Wettbewerbern.

Die Verfügbarkeit von Fördermitteln bietet Chancen, Effizienzmaßnahmen umzusetzen, die ggf. damit verbundene Verpflichtung, tatsächlich die Energieeffizienz mit den geförderten Maßnahmen zu erreichen und nachzuweisen, kann unter Umständen ein Risiko darstellen.

6.2 Planung und Erreichung der Ziele

Bei der Zielformulierung wurde die frühere Unterscheidung zwischen strategischen und operativen Energiezielen mit der Revision 2018 ersetzt durch eine Unterteilung in Ziele und Energieziele. Ziele können dabei strategisch, taktisch und operativ ausfallen und müssen, sofern machbar, messbar sein. Die Energieziele hingegen müssen als quantifizierbares Ziel zur Verbesserung der energiebezogenen Leistung immer messbar sein. Ziele und Energieziele müssen für die Organisation festgelegt und dokumentiert werden und eine Reihe von Kriterien erfüllen (s. Abb. 6).

- im Einklang mit der Energiepolitik sein
- messbar sein (sofern machbar)
- den anwendbaren Anforderungen Rechnung tragen
- SEUs berücksichtigen
- Chancen zur Verbesserung der energiebezogenen Leistung Rechnung tragen
- überwacht werden
- vermittelt werden
- aktualisiert werden, soweit angemessen

Abb. 6: Kriterien bei der Festlegung von Zielen und Energiezielen

Im nächsten Schritt müssen diese Ziele weiterhin durch Aktionspläne untermauert und realisiert werden. In diesen Plänen müssen die in Abbildung 7 gezeigten Inhalte festgehalten werden.

was getan wird	welche Ressourcen erfordlich sind	wer verantwortlich ist	wann es abgeschlossen wird	wie Ergebnisse bewertet werden

Abb. 7: Pflichtinhalte von Aktionsplänen

6.3 Energetische Bewertung des Unternehmens mit Energieleistungskennzahlen und Ausgangsbasen (6.4–6.5 der Norm)

Sobald es relevante Variablen gibt, die einen wesentlichen Einfluss auf die energiebezogene Leistung aufweisen, müssen die Energieleistungskennzahlen normalisiert werden.

Normalisierung/ Normierung der EnPIs

Unter Normalisierung (oft auch einfach Normierung) versteht man die Modifizierung der Daten dahingehend, dass der Einfluss der relevanten Variablen so dargestellt wird, dass die Daten unter gleichwertigen Bedingungen über verschiedene Zeiträume vergleichbar sind. Ein klassisches Beispiel zur Normalisierung der Daten aus der Praxis ist hier die Witterungsbereinigung.

EnPIs müssen geeignet sein, die Leistung des Unternehmens zu messen und Verbesserungen darzustellen. Dabei ist es nicht zwingend erforderlich, EINE unternehmensübergreifende Kennzahl zu haben; viele EnPIs (z. B. für die wesentlichen Energieverbräuche, die SEUs) sind ggf. einfacher zu definieren und zu bewerten.

Gesamtbetrachtung

Ein Problem kann sich in der Gesamtbetrachtung ergeben. Zeigen einige EnPIs eine Verschlechterung und andere wiederum eine Verbesserung an, so kann es unter Umständen schwierig werden, eine Einsparung über das Gesamtunternehmen quantitativ darzustellen. Hier empfiehlt sich ein Top-down-Ansatz mit Fehlerbetrachtung und ein Bottom-up-Ansatz (Projekte). Wie ISO 50047 zeigt, führen diese Ansätze in der Regel nicht zu gleichen Ergebnissen, aber Maßnahmen aus Projekten können ergänzend ins Feld geführt werden, falls sich die Fehlerbalken der Top-down-EnPI-Werte überlappen, es also keine Veränderungen gibt.

Innerhalb des Anwendungsbereichs muss sich über mehrere Jahre betrachtet eine Verbesserung erkennen lassen (Anhang A4 der Norm, letzter Absatz). Verschlechtern sich einige EnPIs wesentlich, so ist das ein Warnsignal und Gegenmaßnahmen müssen erkennbar sein.

EnPIs gegebenenfalls modifizieren

Dabei wird unterstellt, dass die EnPIs für ihre Bereiche angemessen sind, also nachgewiesene Zusammenhänge zwischen Energieverbrauch und relevanten Variablen existieren, und sich statische Faktoren nicht geändert haben. Sollte sich die Aussagekraft der Energiekennzahl grundlegend ändern, d.h. die Kennzahl spiegelt nicht mehr den aktuellen Zustand des Bereichs oder Prozesses wider, so ist sie zu modifizieren und die energetische Ausgangsbasis neu zu definieren.

Unter Umständen reicht auch die Anpassung der energetischen Ausgangsbasis, z.B. bei sogenannten nicht routinemäßigen Ereignissen wie die Verlegung eines Laborgebäudes an einen anderen Standort. Ist der energetische Beitrag des Labors zum Gesamtenergieverbrauch bekannt, so kann die Ausgangsbasis einfach entsprechend abgesenkt werden.

Zusammenfassung

Zusammenfassend kann man festhalten, dass die Organisation im Rahmen der energetischen Bewertung Folgendes durchführen muss (50001:2018, Normabschnitt 6.3):

- auf Grundlagen von Messungen und anderen Daten den Energieeinsatz und -verbrauch analysieren,
- SEUs identifizieren,
- jeweils für diese SEUs die relevanten Variablen, die aktuelle energiebezogene Leistung und das energierelevante Personal bestimmen,
- Chancen zur Verbesserung der energiebezogenen Leistung ermitteln und priorisieren sowie
- den künftigen Energieeinsatz und Energieverbrauch abschätzen.

6.4 Planung der Energiedatenerfassung (6.6. der Norm)

Ergänzend zu den Messvorgaben aus Abschnitt 9.1.1 der Norm legt die Norm explizit fest, dass ein Plan erstellt und aktuell gehalten werden muss, der die in Abbildung 8 enthaltenen Daten enthält. Diese Daten sind zu sammeln, wo zutreffend, zu messen und zu archivieren.

Abb. 8: Pflichtinhalte des Plans zur Energiedatensammlung

Beispiel relevante Variable

Eine relevante Variable kann z.B. die unterschiedliche Zusammensetzung der Produkte bzw. der Produktmixe sein, die über die Produktionsanlage hergestellt werden. Ein betriebliches Kriterium für den Herstellungsprozess kann dabei z.B. die unterschiedliche Produktionstemperatur darstellen.

Für die Energiedatensammlung müssen (Mess-)Ausrüstungen bereitgestellt werden, die genaue und wiederholbare Daten liefern. Auch dazu sind dokumentierte Informationen aufzubewahren.

7 Das System „leben" – Unterstützung für den Betrieb

7.1 Ressourcen ermitteln und bereitstellen

Die Organisation muss die erforderlichen Ressourcen für den Aufbau, die Verwirklichung, die Aufrechterhaltung und die fortlaufende Verbesserung der energiebezogenen Leistung und des EnMS bestimmen und bereitstellen.

7.2 Notwendige Kompetenzen sicherstellen

Die notwendige Kompetenz muss für Personen, die einen Einfluss auf das EnMS oder die energiebezogene Leistung ausüben, sichergestellt werden (z. B. durch Präqualifikation, Schulung oder Mentoring). Dies kann auch externes Personal betreffen. Stellt sich heraus, dass die jeweilige Kompetenz nicht ausreichend ist, so müssen Maßnahmen ergriffen werden.

Nachweise aufbewahren

Ähnlich wie bei allen anderen Normen müssen diese kompetenzsichernden Maßnahmen auf deren Wirksamkeit hin bewertet und angemessene Nachweise über die Kompetenz der Personen aufbewahrt werden (z. B. Schulungsnachweise, Teilnahme an den Energieteamsitzungen, Mitgliedschaft in Netzwerken etc.). Um diese Normanforderung zu erfüllen, eignet sich gut die Erstellung einer Qualifikationsmatrix.

7.3 Bewusstsein über alle Ebenen schaffen

Unabhängig vom Einfluss auf das EnMS oder die energiebezogene Leistung müssen alle Personen, die unter Aufsicht der Organisation Tätigkeiten verrichten, sich der Energiepolitik, ihrem persönlichen Beitrag zur Wirksamkeit des EnMS und der Zielerreichung, der Vorteile und ihren Einfluss auf eine verbesserte energiebezogene Leistung sowie der Folgen einer Nichterfüllung der Anforderungen des EnMS bewusst sein. Um das Bewusstsein zu schaffen, ist eine regelmäßige Kommunikation über alle Ebenen hinweg unabdingbar.

7.4 Wichtigkeit der Kommunikation

Sowohl für die interne als auch für die externe Kommunikation muss die Organisation bestimmen, worüber, wann, mit wem und wie kommuniziert wird und wer kommuniziert. Dabei wird in der Norm betont, dass die kommunizierten Inhalte mit den in der Organisation erzeugten Inhalten übereinstimmen müssen und zuverlässig sind. Auch müssen die Prozessbeschreibungen, Verfahrensanweisungen, Betriebsanweisungen von dem jeweiligen Mitarbeiter verstanden werden. Gerade die Kommunikation ist in vielen Managementsystemen eine Schwachstelle, die nicht unterschätzt werden sollte.

Beteiligung der Mitarbeiter ermöglichen

Überdies muss weiterhin ein Prozess implementiert sein, durch den die Mitarbeiterinnen und Mitarbeiter und Externe die Möglichkeit haben, Kommentare und Verbesserungsvorschläge einzubringen. Hierunter ist nicht die zwingende Einführung eines „Betrieblichen Vorschlagswesen" gemeint. Die Anforderung ist auch erfüllt, wenn im Unternehmen klar geregelt ist, wie ein Verbesserungsvorschlag eingereicht werden kann und wer sich um die Bewertung kümmert.

7.5 Dokumentation der Prozesse sowie die Anforderung an den Aufbau und die Lenkung der Dokumentation

Der Umfang der vorzuhaltenden Dokumentation ist weiterhin abhängig von der Größe der Organisation sowie der Art und Komplexität der Prozesse und deren Wechselwirkungen sowie der Kompetenz der Personen. Die Mindestanforderung ist die Erstellung der in der Norm als dokumentierte Information (DI) geforderten Inhalte.

Systembildende Dokumente

Dokumentierte Informationen, die aufrechterhalten werden müssen:

- Dokumentierter Auditprozess (3.3.8)
- Anwendungsbereich (4.3)
- Energiepolitik (5.2)
- Methoden und Kriterien zur Durchführung der energetischen Bewertung (6.3)
- Methoden zur Bestimmung und Aktualisierung der Energieleistungskennzahlen (6.4)
- Plan zur Sammlung der energiebezogenen Daten (6.6)
- Externe Dokumente, die für die Planung und den Betrieb des EnMS als notwendig bestimmt wurden (7.5.3)
- betriebliche Planung und Steuerung im notwendigen Umfang, um einen geplanten Ablauf der Prozesse zu garantieren (8.1)

Nachweisdokumente

Dokumentierte Informationen, die aufzubewahren sind (Nachweisdokumente):

- Ziele und Energieziele (6.2.2)
- Aktionspläne (6.2.3)
- Ergebnisse der energetischen Bewertung (6.3)
- Energieleistungskennzahlen (6.4)
- Informationen zu energetischen Ausgangsbasen und Daten zu den relevanten Variablen und Anpassungen der energetischen Ausgangsbasen (6.5)
- Daten zu relevanten Variablen und betrieblichen Kriterien der SEUs, Energieverbräuche der SEUs und der Organisation, statische Faktoren und Daten aus den Aktionsplänen (6.6)
- Daten zu Messung, Überwachung und anderen Mitteln zur Feststellung von Genauigkeit und Wiederholbarkeit (6.6)
- angemessene DI als Nachweis der Kompetenz (7.2)
- Verbesserungsvorschläge (7.4) – in Erwägung ziehen
- Informationen über betriebliche Planung und Steuerung im notwendigen Umfang, um einen geplanten Ablauf der Prozesse nachzuweisen (8.1)
- Informationen zu Auslegungsaktivitäten im Zusammenhang mit der energiebezogenen Leistung (8.2)
- Ergebnisse der Untersuchung und der Reaktion bei Auftreten wesentlicher Abweichungen der energiebezogenen Leistung (9.1.1)
- angemessene DI zu Ergebnissen der Überwachung und Messung (9.1.1)
- Ergebnisse der Compliance-Bewertung und der sich daraus ergebenden Maßnahmen (9.1.2)
- Nachweise der Verwirklichung des Auditprogramms und der Ergebnisse des Audits (9.2.2)
- Ergebnisse der Managementbewertung (9.3)
- Art der Nichtkonformitäten und daraufhin getroffener Maßnahmen sowie Ergebnisse jeder durchgeführten Korrekturmaßnahme (10.1)

Hinzu kommen von der Organisation als notwendig eingestufte Dokumente (7.5.1.b).

Kennzeichnung und Lenkungsvorgaben

Neu hinzugekommen sind 2018 die für die Erstellung aufgeführten Beispiele zur Kennzeichnung (z. B. Titel, Datum, Autor, Referenznummer), zum angemessenen Format (z. B. Sprache, Softwareversion, Grafiken) und zu den Medien (z. B. Papier, elektronisch). Durch Lenkungsvorgaben soll sichergestellt werden, dass jederzeit nur eine Version des Dokuments in verständlicher Art und Weise verfügbar ist. So muss beispielsweise bei einer international aufgestellten Belegschaft sichergestellt werden, dass alle Mitarbeiterinnen und Mitarbeiter die Anforderungen an das EnMS auch verstehen (ggf. mehrsprachige Dokumente).

8 Energiemanagement im Betrieb

8.1 Einbindung in die betriebliche Planung und Steuerung

Die Norm fordert, dass die Organisation Prozesse, die mit SEUs (bedeutenden Energieeinsätzen) im Zusammenhang stehen, plant, verwirklicht und steuert. Dies muss erfolgen, indem Kriterien für den wirksamen Betrieb und die Instandhaltung der Anlagen/Standorte, Einrichtungen und Systeme sowie Energie nutzender Prozesse festgelegt und diese den relevanten Personen, die diese Prozesse ausführen, bekannt gemacht werden. Die Steuerung muss dann auf der Basis der festgelegten Kriterien erfolgen und dazu müssen dokumentierte Informationen im notwendigen Umfang erstellt werden.

Steuerung ggf. auch ausgegliederter Prozesse erforderlich

Es wird gefordert, dass geplante Änderungen überwacht, Folgen unbeabsichtigter Änderungen beurteilt und ggf. Gegenmaßnahmen ergriffen werden müssen. Auch ausgegliederte Prozesse müssen gesteuert werden, sobald diese einen bedeutenden Energieverbrauch darstellen (SEU) oder einen Einfluss auf SEUs haben.

8.2 Berücksichtigung bei der Auslegung, z. B. bei Neuerungen oder wesentlichen Änderungen im Unternehmen

Die Organisation muss Möglichkeiten zur Verbesserung der energiebezogenen Leistung und die betriebliche Steuerung bei der Auslegung neuer, geänderter oder renovierter Anlagen/Standorte, Einrichtungen und Systeme sowie Energie nutzender Prozesse berücksichtigen, sobald diese einen wesentlichen Einfluss auf die energiebezogene Leistung über die geplante Nutzungsdauer aufweisen.

Beispiel Lüftungsanlage

Als Beispiel sei hier die Erneuerung oder Ersterrichtung einer zentralen Lüftungsanlage genannt, bei der möglichst alle energierelevanten Anlagenteile bereits bei der Auslegung, d. h. bei der Planung, bewertet und analysiert werden sollten.

8.3 Einkauf und Beschaffung von energierelevanten Betriebsmitteln und Energie

Bei der Beschaffung muss die Organisation Kriterien für die Bewertung der energiebezogenen Leistung über die geplante Nutzungsdauer festlegen und umsetzen, wenn sie Energie nutzende Produkte, Einrichtungen oder Dienstleistungen beschafft, von denen eine wesentliche Wirkung auf die energiebezogene Leistung erwartet wird. Eine Möglichkeit ist die Betrachtung der Lebenszykluskosten (Beschaffungskosten, fix und variable Kostenbestandteile, Entsorgungskosten, Nutzungsdauer). Spezifikationen sind festzulegen und den Lieferanten mitzuteilen.

Lieferanten informieren

Ferner sind die Lieferanten darüber zu informieren, dass die energiebezogene Leistung bei der Beschaffung von energienutzenden Produkten, Einrichtungen und Dienstleistungen ein Bewertungskriterium ist.

Spezifikationen festlegen

Wenn zutreffend, sind auch Spezifikationen für die Energiebeschaffung festzulegen. Dabei kann es sich um qualitätsrelevante Parameter wie z. B. Brennwerte oder Mengenangaben, aber auch um ökologische Vorgaben handeln (z. B. Energie nur aus alternativen Energieträgern). Spezifikationen des Versorgers können übernommen werden.

9 Überwachung des Energiemanagementsystems – die regelmäßige Bewertung der Leistung

9.1 Überwachen und Messen sowie Verifizieren der energiebezogenen Leistung und des Gesamtsystems

Allgemeines

Die Organisation legt fest, was überwacht und gemessen werden muss (s. auch Normabschnitt 6.6 Planung zur Energiedatensammlung). Dabei muss das Unternehmen mindestens die Wirksamkeit der Aktionspläne hinsichtlich der Zielerreichung, die Energieleistungskennzahlen und der Betrieb der SEUs einschließen sowie der Abgleich zwischen dem geplanten und dem tatsächlichen Energieverbrauch erfolgen.

Festgelegt werden auch:

- die Methoden zur Überwachung, Messung, Analyse und Bewertung sowie
- die Zeitpunkte der Überwachung und Messung und
- die Zeitpunkte der Analyse und Bewertung der Ergebnisse der Überwachung und Messung.

Regelmäßige Bewertung erforderlich

Weiterhin muss die energiebezogene Leistung und die Wirksamkeit des EnMS regelmäßig bewertet werden (erfolgt typischerweise u. a. durch das interne Audit und das Managementreview). Eine Verbesserung der energiebezogenen Leistung muss mit EnPI-Werten und den entsprechenden energetischen Ausgangsbasen verifiziert werden.

Bei wesentlichen Abweichungen in der energiebezogenen Leistung muss die Organisation dies untersuchen, darauf reagieren und die Ergebnisse der Untersuchung und Reaktion dokumentieren und aufbewahren. Kriterien, was eine wesentliche Abweichung ist, sollten festgelegt werden (s. Anmerkung in 8.1 der Norm).

Bewertung der Compliance

Die ISO 50001 fordert hier, dass die Organisation in geplanten Abständen die Einhaltung der rechtlichen und anderen Anforderungen bezüglich Energieeffizienz, Energieeinsatz, Energieverbrauch und des EnMS bewertet.

Vorsicht, nicht verwechseln!

Die Organisation legt selbst fest, in welchen Zeitabständen die Bewertung der Compliance erfolgen soll. Zunächst eine Abgrenzung: Es geht hier nicht um die Identifizierung und die damit verbundene Bewertung von rechtlichen und anderen Anforderungen (Subsumtion) und die daraus resultierenden Umsetzungsanforderungen. Diese werden in Abschnitt 4.2 dieser Norm behandelt. Es geht hier um die Überprüfung und Bewertung, ob die energierelevanten Pflichten auch eingehalten werden.

Verschiedene Methoden möglich

Während man den ersten Schritt 2–4 Mal im Jahr durchführen sollte, reicht hier eine jährliche oder sogar eine Bewertung einmal in drei Jahren. Viel dürfte dabei auch von der Methodik abhängen (Kombination mit den Aktivitäten im internen Systemaudit, eigenständige Bewertung/Compliance-Audit oder Baukastenlösungen, bei denen verschiedene Aktivitäten kombiniert werden wie z. B. Behördenbesuche und Sachverständigengutachten).

Die Bewertung darf auch durch die gleichen Personen geschehen, die die Pflichten identifizieren. Ein Unabhängigkeitskriterium wie beim internen Audit gibt es hier nicht.

9.2 Interne Audits

Bei der Durchführung der internen Systemaudits heißt es in der Norm, dass diese in geplanten Abständen (z. B. jährlich) durchgeführt werden müssen, um Informationen über die in Abbildung 9 aufgeführten Punkte zu erhalten.

Abb. 9: Ziele der Durchführung von internen Audits

Auditprogramme planen

Weiterhin muss die Organisation ein oder mehrere Auditprogramme planen, einführen, verwirklichen und aufrechterhalten. Diese Auditprogramme müssen Häufigkeit der Audits, Methoden, Verantwortlichkeiten, Anforderung an die Planung und Berichterstattung, Bedeutung der betroffenen Prozesse und die Ergebnisse vorheriger Audits berücksichtigen.

Auditkriterien

Ebenfalls müssen für jedes Audit die Auditkriterien so festgelegt werden, die Auditoren so ausgewählt und die Audits durchgeführt werden, dass die Unparteilichkeit und die Objektivität des Auditprozesses sichergestellt ist, die Ergebnisse der Audits an die zuständige Leitung berichtet werden, geeignete Maßnahmen zur fortlaufenden Verbesserung und zur Behebung von Nichtkonformitäten ergriffen und dokumentierte Informationen zum Auditprogramm und zu den Auditergebnissen vorgehalten werden.

9.3 Bewertung durch die Führung und die Ableitung von Maßnahmen

Managementbewertung

Die Bewertung der obersten Leitung muss in geplanten Abständen erfolgen, um die fortdauernde Eignung, Angemessenheit, Wirksamkeit und Übereinstimmung mit der strategischen Ausrichtung der Organisation zu gewährleisten.

Die Bewertung muss dabei folgende Inhalte berücksichtigen:

- Status der Maßnahmen vorheriger Managementbewertungen
- Veränderungen bei externen und internenThemen und damit verbundenen Risiken und Chancen, die das EnMS betreffen
- Informationen über die Leistung des EnMS einschließlich:
  1 Nichtkonformitäten und Korrekturmaßnahmen
  2 Ergebnissen von Überwachungen und Messungen
  3 Auditergebnissen
  4 Ergebnissen der Bewertung der Einhaltung rechtlicher und anderer Verpflichtungen
- Möglichkeiten zur fortlaufenden Verbesserung
- Energiepolitik

Was noch?

Darüber hinaus muss im Managementreview aber auch das Ausmaß der Zielerreichung, der Status der Aktionspläne und die energiebezogene Leistung auf der Basis der Überwachungs- und Messergebnisse einschließlich Energieleistungskennzahlen behandelt werden.

Abschließend muss die oberste Leitung Entscheidungen zu Verbesserungen sowie zu Änderungsbedarfen an folgenden Punkten festhalten:

- Möglichkeiten zur Verbesserung der energiebezogenen Leistung
- Energiepolitik

- Energieleistungskennzahlen oder energetische Ausgangsbasis
- Ziele, Energieziele, Aktionspläne oder andere Elemente des EnMS und die bei Nichterreichen zu ergreifenden Maßnahmen
- Möglichkeiten zur Verbesserung der Integration in Geschäftsprozesse
- Ressourcenbereitstellung
- Verbesserung der Kompetenz, Bewusstsein und Kommunikation

10 Sicherstellung einer fortlaufenden Verbesserung

10.1 Nichtkonformitäten, Analyse und Folgemaßnahmen

Unter dem Begriff Nichtkonformität versteht man die Nichterfüllung einer Normanforderung oder internen Systemvorgabe. Nichterreichen von Zielen oder der Leistung wird als Abweichung bezeichnet (Normabschnitte 8.1 und 9.1.1) und in diesem Abschnitt nicht behandelt. Bei Nichtkonformitäten muss zunächst eine Maßnahme zur Überwachung und zur Korrektur ergriffen sowie mit den Folgen umgegangen werden. Des Weiteren muss die Notwendigkeit von Maßnahmen zur Beseitigung der Ursachen von Nichtkonformitäten bewertet werden, um ein erneutes Auftreten zu verhindern. Dies erfolgt in drei Schritten (s. Abb. 10).

Abb. 10: Schritte zur Bewertung der Notwendigkeit von Maßnahmen zur Beseitigung der Ursachen von Nichtkonformitäten

Sollte die Notwendigkeit bestehen, müssen jegliche erforderlichen Maßnahmen eingeleitet, die Wirksamkeit der ergriffenen Korrekturmaßnahmen überprüft und die Änderungen am EnMS vorgenommen werden.

Angemessenheit

Da Korrekturmaßnahmen den Auswirkungen der aufgetretenen Nichtkonformitäten angemessen sein müssen, kann z. B. bei „kleineren" Nichtkonformitäten auf eine Korrekturmaßnahme verzichtet werden.

10.2 Fortlaufende Verbesserung des Systems

Abschließend werden die beiden beabsichtigten Ergebnisse (Mindestanforderungen) noch einmal aufgegriffen. Die Organisation muss die Eignung, Angemessenheit und die Wirksamkeit ihres EnMS fortlaufend verbessern und die fortlaufende Verbesserung der energiebezogenen Leistung nachweisen können.

11 Zusammenfassung und Abschätzung der Aufwände (Projektplanung)

HLS

Die Übernahme der „High-Level-Struktur" (HLS) – wie sie schon aus anderen Managementsystemen bekannt ist – ist wohl die offensichtlichste Änderung der Revision von 2018 im Vergleich zur Vorgängernorm von 2011. Einheitliche Begriffe, Definitionen und Nummerierung der Normkapitel sorgen für eine hohe Kompatibilität mit anderen Standards und erleichtern die Integration. Des Weiteren wird ein stärkerer Fokus auf die organisatorische Einbettung, d. h. auf die Bestimmung des Kontextes und die Anforderungen interessierter Parteien gelegt.

Risikobasierter Ansatz

Dass die ISO 50001:2018 zudem das Ziel verfolgt, proaktiv zu handeln, wird im risikobasierten Ansatz deutlich. Durch die Auseinandersetzung mit Risiken und Chancen in Bezug auf das EnMS hat die ISO 50001:2018 einen „grundsätzlich vorbeugenden" Charakter bekommen.

Bewusstsein

Das Bewusstsein für das EnMS in allen Unternehmensbereichen und eine Sicherstellung der fortlaufenden Verbesserung waren in der Vergangenheit oftmals Schwachpunkte; das System wurde „nicht gelebt". Um dies zu ändern, wird die oberste Leitung und auch die Führung intensiver als bislang in die Verantwortung genommen.

Energiebezogene Leistung

Am Ende geht es im EnMS darum, die energiebezogene Leistung zu verbessern und dies wirksam nachzuweisen. Dieses soll durch eine differenziertere energetische Bewertung mit starkem Fokus auf den SEUs sowie durch geeignete Kennzahlen (EnPI) und den zugehörigen energetischen Ausgangsbasen (EnB) erreicht werden. Dazu ist es erforderlich, die regelmäßigen Änderungen ausgedrückt durch die sogenannten relevanten Variablen bei der Erstellung der EnPIs zu berücksichtigen – die Norm spricht von „Normalisierung der Energieleistungskennzahlen".

Damit schließt sich der Kreis zur ISO 50006 und ISO 50015. Es wird spannend sein zu sehen, wie die Unternehmen die Anforderungen der Revision der ISO 50001 umsetzen werden und ob es gelingt, den prozessorientierten Ansatz stärker in den Fokus zu rücken sowie eine Integration in relevante Geschäftsprozesse sicherzustellen.

ressourcenplanung_enms.docx

Um Unternehmen den Einstieg zu erleichtern, wird eine Aufgabenliste zur Einführung der ISO 50001:2018 (s. Arbeitshilfe ressourcenplanung_enms.docx zum Download) beigefügt.

Weiterführende Literatur

DIN EN ISO 50001:2018-12: Energiemanagementsysteme – Anforderungen mit Anleitung zur Anwendung (ISO 50001:2018); Deutsche Fassung EN ISO 50001:2018, Beuth Verlag, Berlin

Teil A2: Die energetische Bewertung – das Herzstück des Energiemanagements

Autor: Ludger Pautmeier

Im folgenden Teil wird das Anforderungsprofil an die energetische Bewertung der ISO 50001 inkl. EnPI und EnB im Detail vorgestellt. Für jeden Schritt werden praktische normkonforme Lösungsbeispiele aufgezeigt. Der Teil A2 schließt mit einem Vergleich der energiebezogenen Leistung (basierend auf einem EnPI-Modell) mit Baseline und Energieziel.

1 Was ist die energetische Bewertung?

Abgrenzung und Klarstellung

Zunächst einmal sollte man zur Klarstellung festhalten, was die energetische Bewertung **nicht** ist. Sie ist keine Managementbewertung und auch kein internes Systemaudit. Sie darf auch nicht verwechselt werden mit dem Normabschnitt 9.1.1 der ISO 50001:2018 „Überwachung, Messung, Analyse und Bewertung", obwohl es hier durchaus Berührungspunkte gibt. Gemäß Abschnitt 3.5.5 der ISO 50001 geht es bei der energetischen Bewertung um *„eine Analyse der Energieeffizienz, des Energieeinsatzes und des Energieverbrauchs, basierend auf Daten und anderer Information, die zur Identifizierung von SEUs und von Möglichkeiten zur Verbesserung der energiebezogenen Leistung (ebL) führt".* [1]

Taktischer Planungsprozess

Sie ist Herzstück des taktischen Planungsprozesses (s. Abb. 12), der von dem strategischen abzugrenzen ist. Bei der strategischen Planung geht es um die Identifizierung von Risiken und Chancen, die mit den internen und externen Themen und den Erwartungen interessierter Parteien zusammenhängen. Die Anforderungen an die energetische Bewertung sind im Planungskapitel 6.3 der Norm festgelegt.

Vergleichbare Instrumente

Vergleichbare Instrumente außerhalb der ISO 50001 sind das Energieaudit nach DIN EN 16247-1, was manchmal auch als Input für die energetische Bewertung empfohlen wird, und das alternative System nach Anlage 2 der SpaEfV. Im Detail liegen aber bei beiden Instrumenten signifikante Unterschiede zur energetischen Bewertung vor.

Als Herzstück des Planungsprozesses hat die energetische Bewertung Berührungspunkte mit vielen anderen Bausteinen des Managementsystems, wie z. B. Energieziele und Aktionspläne (6.2), Planung der Energiedatensammlung (6.6), betriebliche Planung und Steuerung (8.1), Überwachung, Messung, Analyse und Bewertung (9.1.1) und der Managementbewertung (9.3). Am engsten verknüpft ist sie mit dem Normabschnitt zu Energieleistungskennzahlen (EnPIs) (6.4) und damit auch zu den energetischen Ausgangsbasen (EnB) (6.5). Daher werden diese in diesem Teil mitbehandelt.

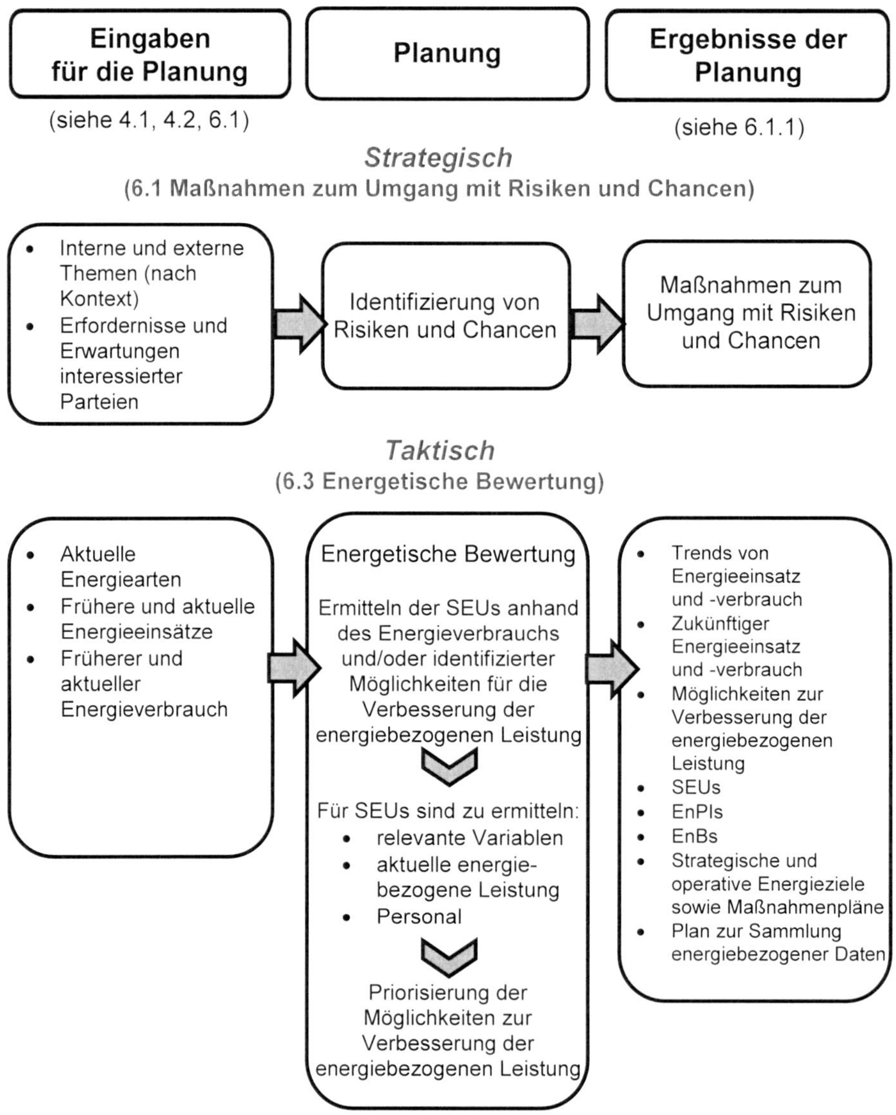

Abb. 11: Energieplanungsprozess (nach [1], Bild A.2)

Dokumentierte Information

Die Ergebnisse der energetischen Bewertung müssen aufgezeichnet werden. Die Vorgehensweise und die Bewertungskriterien für die SEU müssen in einem Verfahren festgeschrieben sein. Sie muss in festgelegten Zeitabständen (in der Regel jährlich) sowie nach wesentlichen Änderungen an Anlagen, Einrichtungen, Systemen oder Energie nutzenden Prozessen aktualisiert werden.

2 Gewöhnungsbedürftige Begriffswelt

Energieeinsatz ist nicht Energieverbrauch

SEU, EnPI, EnB – alles sehr wichtige Abkürzungen, die es in sich haben. SEU steht für „significant energy use" auf Deutsch „wesentlicher Energieeinsatz". Dabei handelt es sich um *„den Energieeinsatz* (Anmerkung des Autors: nicht zu verwechseln mit dem Energieverbrauch), *der wesentlichen Anteil am Energieverbrauch hat und/oder erhebliches Potential für eine Verbesserung der energiebezogenen Leistung bietet"* (3.5.6). Beispiele sind Lüftung, Beleuchtung, Heizung, Kühlung, Transport, Datenspeicherung oder Produktionsprozesse. Es kann sich um Anlagen/Standorte, Systeme, Prozesse oder Einrichtungen handeln. Der Begriff Standort ist hier im Sinne von Anlagenstandort (facility), nicht im Sinne von „site" zu verstehen. Energieeinsatz ist keine quantitative Größe. Die Kriterien, was „wesentlich" ist, bestimmt die Organisation.

Absolute und normierte EnPI

Nicht einfacher wird es bei der EnPI – der Energieleistungskennzahl (energy performance indicator). Die EnPI ist *„ein Maß oder Einheit der energiebezogenen Leistung, wie von der Organisation festgelegt"* (3.4.4). Bei der energiebezogenen Leistung handelt es sich *„um messbare Ergebnisse bezüglich Energieeffizienz, Energieeinsatz und Energieverbrauch"* (3.4.3). Die EnPI kann eine *„einfache Metrik, ein Verhältnis oder ein Modell"* sein, oder anders ausgedrückt, der absolute Energieverbrauch, der spezifische Energieverbrauch oder der Energieverbrauch, der sich durch eine z. B. lineare Gleichung ergibt.

Normierung

Der spezifische Energieverbrauch bzw. der des Modells wird durch Normierung (neuerdings Normalisierung) auf relevante Variablen erhalten (nachzulesen bspw. in ISO 50006). Die relevante Variable ist ein *„quantifizierbarer Faktor, der die energiebezogene Leistung wesentlich beeinflusst und sich routinemäßig ändert"* (3.4.9), wie z. B. Wetterbedingungen, Betriebsbedingungen (Innenraumtemperatur, Lichtstärke), Arbeitsstunden oder Produktionsmenge. Ob es sich bei den möglichen Einflussgrößen um eine relevante Größe handelt, wird in der Regel durch statistische Methoden ermittelt. Bei der Normierung (die Norm spricht von Normalisierung) geht es um die *„Modifizierung von Daten zur Berücksichtigung von Änderungen, um den Vergleich der energiebezogenen Leistung unter gleichwertigen Bedingungen zu ermöglichen"* (3.4.10). Nachdem die Rechenregeln für normierte EnPIs festgelegt sind, können die normierten EnPI-WERTE für definierte Zeiträume errechnet werden.

Baseline-Wert

Bleibt noch die EnB – die energetische Ausgangsbasis: dabei handelt es sich um den *„quantitativen Referenzpunkt als Basis für den Vergleich der energiebezogenen Leistung"* (3.4.7). Es handelt sich um den EnPI-WERT für den Bezugszeitraum. Während der Baseline-Wert bei der absoluten und spezifischen EnPI in der Regel als Wert eines in der Vergangenheit liegenden Zeitraums bekannt ist, kann der Baseline-Wert bei einem Forecast-Modell erst mit den Größen der relevanten Variablen des Berichtszeitraums nachträglich für den Bezugszeitraum berechnet werden.

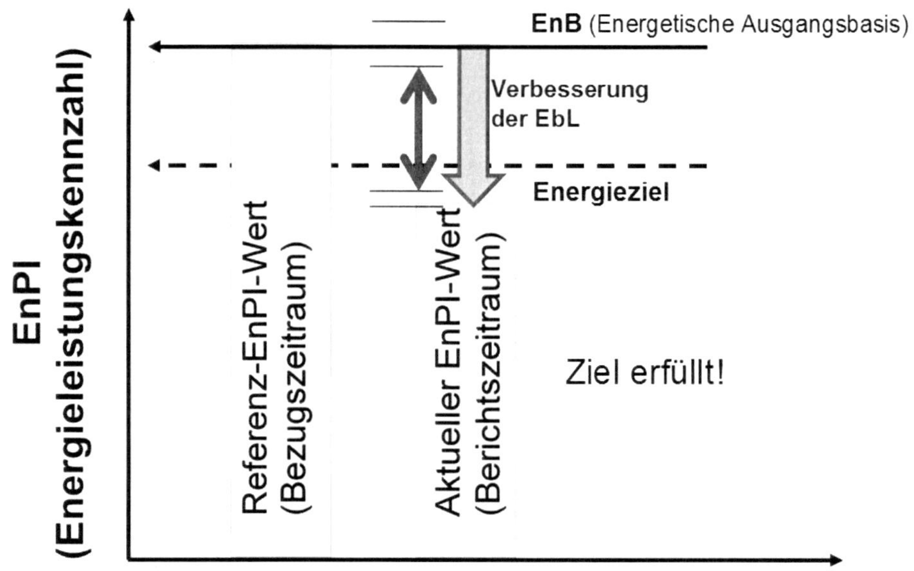

Abb. 12: Visualisierung EnPI, EnPI-Werte und EnB (nach [1], Bild A.3)

Wie man an der Definition oben erkennen kann, enthält die energetische Bewertung einen analytischen Teil, einen Teil, der sich mit den SEUs beschäftigt, und einen kreativen Teil, der Verbesserungspotenziale aufdeckt.

3 Analyse des Energieverbrauchs und Energieeinsatzes

3.1 Was will die Norm?

Analyse des Gesamtverbrauchs und der Nutzungen

Der Energieeinsatz und der Energieverbrauch müssen „auf der Basis von Messungen und anderen Daten analysiert werden, in dem aktuelle Energiearten ermittelt sowie der frühere und aktuelle Energieeinsatz und Energieverbrauch bewertet werden" (6.3.a). Diese Analyse muss so tiefgehend sein, dass man später SEUs identifizieren kann (6.3.b).

Vergleicht man mit der ISO 50001:2011, so fällt nur ein Unterschied auf. Das Wort „Energiequelle" wurde durch „Energieart" ersetzt. Man muss also offenbar alle Energiearten identifizieren und ihren Verbrauch bestimmen, nicht nur die „primären" Endenergien wie z. B. Strom und Gas, sondern ggf. auch die „sekundären" wie z. B. Druckluft, Dampf oder Strom und Wärme eines gasbetriebenen BHKWs.

Kein Verbrauch, wenn keine Nutzung

In Normpunkt 3.5.1 gibt die Norm eine Beispielliste mit Energiearten wie Elektrizität, Brennstoffe, Dampf, Wärme oder Druckluft und schließt mit vergleichbaren Medien. Physikalisch wird Energie von einer Energieart in eine andere umgewandelt, wobei der Anteil nutzbarer Energie sinkt. In vielen Fällen bleibt (Ab)Wärme. Soll diese Abwärme nun auch quantitativ erfasst werden? Die Norm möchte nicht nur den Verbrauch der Energiearten bewerten, sondern auch ihren Einsatz, also ihre Nutzung. Wenn keine Nutzung der Energie stattfindet, macht es wenig Sinn, ihren Verbrauch zu bestimmen. D. h., Energiearten, die nicht energetisch genutzt werden, brauchen nicht erfasst zu werden. Also die Abwärme z. B. eines chemischen Prozesses wird erst dann als Energieart erfasst, wenn sie gezielt z. B. zum Heizen eingesetzt wird. Dann muss ihr Beitrag auch zumindest geschätzt werden. Deutlich wird dieser Zusammenhang auch in der Definition des Begriffs Energieverbrauch als Menge der eingesetzten Energie.

Primäre und sekundäre Energiearten

Der Begriff Energiequelle ist in der deutschen Version der Norm nicht ganz verschwunden, denn im Kapitel 4.3 heißt es: *„Innerhalb des Anwendungsbereichs und der Grenzen darf die Organisation keine Energiequelle ausschließen"* (im Englischen steht auch hier „Energieart"). Diese im Deutschen abweichende Übersetzung lenkt in die richtige Richtung, denn es geht auf jeden Fall darum, zwischen den gelieferten Endenergien und den intern erzeugten Energiearten zu differenzieren, um den Gesamtenergieverbrauch der Organisation zu bestimmen (z. B. Abschnitt 6.6, aber auch verschiedene gesetzliche Vorgaben in Deutschland).

Das heißt, es müssen zumindest die Gesamtverbräuche auf der Basis der gelieferten Energiearten (in der Regel durch geeichte Messung) und die Verbräuche der „sekundären" Energiearten (zumindest geschätzt) bestimmt werden. Bei der „sekundären" Energieart kann es ggf. auch ausreichen, nur den Input für die Umwandlung zu bestimmen, wenn aufgrund des SEU-Kriteriums klar ist, dass ohnehin keine weiteren SEUs zu erwarten sind. Konkret: Angenommen, das Kriterium lautet „10 % vom Gesamtverbrauch", dann macht es wenig Sinn, bei z. B. insgesamt nur 5 % Gesamtenergie für die Drucklufterzeugung diese weiter zu analysieren.

Auch Verbrauch der Einsätze

Nicht ganz eindeutig ist, ob auch die Verbräuche der Energieeinsätze zu bestimmen sind. Da es nahezu unmöglich ist, SEUs zu bestimmen, ohne den Energiefluss im Unternehmen quantitativ zu kennen, wird man nicht umhinkommen, zumindest auch einen Teil der Anlagen und Prozesse näher zu untersuchen und ihre Verbräuche zu bestimmen (Detailanalyse). Wie tiefgehend dies zu erfolgen hat, hängt auch von den Kriterien ab, die für die SEUs gewählt werden. Hier liegt z. B. ein großer Unterschied zu den Anforderungen aus Anlage 2 Nr. 2 der SpaEfV, wo nahezu alle Verbraucher analysiert werden müssen. Und sollte es jemandem gelingen, SEUs über eine rein qualitative Potenzialanalyse zu bestimmen, so wird er spätestens dann die Energieverbräuche zumindest der SEUs ermitteln müssen (6.3 c).

energetische_bewertung.xlsx

Die angebotenen Vorlagen im zum Download beigefügten Excel-Tool gehen davon aus, dass die Verbräuche der Energieeinsätze zu bestimmen sind.

Erfassung durch Messung

Die Erfassung soll in erster Linie durch Messung geschehen. Darunter fallen auch Daten aus Rechnungen, denn diese sind durch „geeichte" Messgeräte bestimmt worden. Aber nicht immer wird dies möglich sein. Heizölstände und Verbräuche einzelner Anlagen/Prozesse lassen sich oft nur durch sachgerechte Schätzung ermitteln. Wird gemessen, so erhebt die ISO 50001 den Anspruch an genaue und wiederholbare Daten (6.6). Die Erfassung muss ferner für zwei Zeiträume geschehen, wobei der Zeitraum nicht näher festgelegt ist. Üblicherweise werden hier Kalender- oder Geschäftsjahre genommen.

Bewertung

Sowohl Energieverbräuche als auch Energieeinsätze müssen abschließend bewertet werden. Das kann auf verschiedene Art und Weise geschehen. Man kann die Verbräuche der Zeiträume vergleichen (Trends), man kann auch eine prozentuale Gewichtung der Energiequellen durchführen. Man könnte monetäre Größen mit einbringen und diese miteinander vergleichen. Neben den Gesamtenergieverbräuchen müssen auch die Energieeinsätze (= Nutzungen) bewertet werden. Dies geschieht z. B. anhand der Kriterien, die zur Identifizierung der SEUs festgelegt werden.

ANMERKUNG: Sowohl die Analyse der Gesamtverbräuche als auch die Detailanalyse der Nutzungen sind in diesem Normabschnitt 6.3 a gefordert – sowohl in der „alten" als auch in der „neuen" Version. Durch die Analogien mit SpaEfV Anlage 2 und den Regeln für die Einführungsphase kam es in Deutschland in der Vergangenheit dazu, dass die Detailanalyse unter Normpunkt b abgehandelt wurde. Dies war mit dem Text der alten Fassung noch vertretbar, mit den Klarstellungen der Revision ist dies nicht mehr möglich.

Prognosen

Abschließend sei noch auf eine inhaltliche Änderung hingewiesen, die mit jedem der nachfolgenden Abschnitte zu tun hat. Im Punkt 6.3 e) fordert die Norm, den künftigen Energieeinsatz und Energieverbrauch abzuschätzen. Diese Anforderung war in der Vorgängerversion (2011) auf SEUs beschränkt. Laut Aussage des deutschen Normungsausschusses im Rahmen der Einspruchsphase wurde diese Beschränkung aufgehoben, um ein Höchstmaß an Flexibilität in der Planungsphase zu schaffen. D. h., so lange zumindest einmal in irgendeinem Zusammenhang eine Abschätzung des zukünftigen Verbrauchs in der Planungsphase erfolgt, ist die Norm erfüllt.

energetische_bewertung.xlsx

Typische Beispiele sind: Abschätzung des Gesamtenergieverbrauchs im Controlling für das nächste Geschäftsjahr, Abschätzen der Verbrauchstrends für bestimmte SEUs oder auch Prognosen im Rahmen der Wirtschaftlichkeitsanalyse bei Einsparmaßnahmen. Bei den Beispielvorlagen im beigefügten Excel-Tool wurde daher – als Option – die Eingabe von Verbrauchsprognosen an verschiedenen Stellen vorgesehen. Auch die geplante Stilllegung von Anlagen und Prozessen fällt in diese Kategorie.

3.2 Erfassung und Bewertung des Gesamtenergieverbrauchs

90%-Regel

Die Bestimmung des Gesamtenergieverbrauchs, also die Summe der Verbräuche aller Energiequellen, ist der erste Schritt im Energiemanagement, auch unabhängig von ISO 50001 und der energetischen Bewertung. Ist der Gesamtverbrauch bekannt, so erlaubt der deutsche Gesetzgeber bei Unternehmen, die dem EDL-G unterliegen (also der Energieauditpflicht), Standorte mit insgesamt maximal 10 % des Gesamtenergieverbrauchs aus dem Anwendungsbereich der ISO 50001 auszuschließen (90%-Regel). Unter Energie sind nach § 2 Nr. 3 EDL-G alle handelsüblichen Formen von Energieerzeugnissen wie Brennstoffe, Wärme, Energie aus erneuerbaren Quellen und Elektrizität zu verstehen, ausgenommen Flugzeugtreibstoffe und Bunkeröle für die Seeschifffahrt.

Nicht erfasst wird

Das BAFA-Merkblatt vom 31.01.2024 sieht ferner vor, folgende Energieträger bei der Ermittlung des Gesamtendenergieverbrauchs nicht zu erfassen:

- bei Anwendung des EnEfG Bunkeröle für die Seeschifffahrt,
- Energie, die nicht vom Unternehmen genutzt wird, sondern lediglich an Dritte geliefert wird (Weiterleitung),
- Energieverbrauch außerhalb der Bundesrepublik Deutschland,
- Energieverbrauch internationaler Transporte, die weder in Deutschland starten noch enden (außer das Unternehmen möchte diesen Energieverbrauch mit einbeziehen),
- Energieverbräuche von Dienstwagen, die auch privat genutzt werden (können unberücksichtigt bleiben),
- Energieverbräuche für den Transport von Gütern und die Beförderung von Personen, die von Dritten durchgeführt werden (dieser Kraftstoff ist im Gesamtendenergieverbrauch des Dritten zu berücksichtigen),
- Energieverbrauch von Mitarbeitern im Homeoffice (kann unberücksichtigt bleiben),
- Netz- und Übertragungsverluste,
- Endenergieverbrauch aus Umgebungswärme oder -kälte und Solarthermie,
- Stoffliche Nutzung von Energieträgern als Betriebs-, Roh- und/oder Hilfsstoff.

Gesamtverbrauch nach EDL-G

Die 90%-Regel sowie einige Ausnahmen sind ein wunderbares Beispiel dafür, wie die in Abschnitt 4.2 der Norm ermittelten gesetzlichen Vorgaben Einfluss auf den Anwendungsbereich nehmen. Aber auch die Norm selbst verlangt nur diejenigen Energieverbräuche zu erfassen, bei denen man die Befugnis zur Steuerung hat. Der Energie- bzw. Endenergiebegriff des EnEfG ist sehr eng gefasst und nicht deckungsgleich mit dem der ISO 50001. Während Energie in Form von geliefertem Dampf oder gelieferter Druckluft unter den Begriff „handelsüblich" fällt, ist der Ausschluss von Solarthermie bei der ISO 50001 nicht möglich. Die in der Legaldefinition ebenfalls ausgeschlossene Umgebungsenergie kann bei näherer Betrachtung auch in der ISO 50001 ausgeschlossen werden. Nutzt ein Unternehmen also Wärme aus Solarthermie, so ist diese nach ISO 50001 zu bilanzieren, für den deutschen Gesetzgeber jedoch nicht.

Inspiriert durch Anlage 2 Tabelle 1 der SpaEfV könnte die Erfassung des Gesamtverbrauchs wie in Abb. 13 dargestellt aussehen, siehe auch beigefügtes Excel-Tool.

energetische_bewertung.xlsx

Erfassung und Bewertung der Energiearten								**von 01.01.2020 bis 31.12.2020**				
Energieart	**Dichte**	**Verbrauch**	**Brennwert**	**Energie-verbrauch**	**Anteil am Gesamt-verbrauch**		**Kosten**	**Anteil an den Gesamt-kosten**	**Mess-system**	**Genauigkeit**	**Prognose 2019**	**CO_2-Emission**
INPUT	kg/l	kg/Jahr	kWh/kg	kWh/Jahr	%	€/Unit	€	%			kWh/Jahr	t/Jahr
Strom				1.234.000	53,83	0,19	234.460,00	82,42	A/B	1%	1.300.000	662,66
Heizöl EL	0,84	84.000,00	12,6	1.058.400	46,17	0,5	50.000,00	17,58	B/D	5%	1.000.000	281,53
			Summe:	**2.292.400**	100,00		**284.460,00**	100,00				**944,19**
Sollten „sekundäre" Energiearten erzeugt werden, z. B. Druckluft oder Dampf, so sind diese zu erfassen, aber separat aufzuführen.												
Legende:												
Verbrauchsermittlung/Zähler			A									
Verbrauchsermittlung/Rechnung			B									
Verbrauchsermittlung/Liefersch.			C									
Bestand gemessen			D									
Bestand geschätzt			E									
zwei Zeiträume Pflicht												

Abb. 13: Erfassung und Bewertung der Energiearten

Die Tabelle ist zunächst ausgelegt für die Erfassung der INPUT-Energiearten (Endenergien). Sollten weitere Energien erzeugt werden, so können sie, deutlich abgetrennt, analog ergänzt werden. Die Kostenseite kann dann entfallen. Wichtig ist auch, dass zwei Zeiträume, in der Regel Jahre, erfasst werden.

Bei Brennstoffen nur Brennwert

Diskussionen gibt es manchmal über die Umrechnungsfaktoren für Brenn- und Treibstoffe. Die Faktoren können z. B. auf der BAFA-Seite heruntergeladen werden (https://www.bafa.de/SharedDocs/Downloads/DE/Energie/ea_ermittlung_gesamtenergieverbrauch.html). Dabei wird differenziert in Heizwerte und Brennwerte. Die Brennwerte beinhalten die Kondensationsenergien, die mit moderner Brennwerttechnik auch genutzt werden können. Um diesen Effekt bei einer Modernisierung auch deutlich abbilden zu können, wird dringend empfohlen, bei Brennstoffen immer den Brennwert zu nehmen (laut BAFA-Pflicht). Bei Treibstoffen für den Transport ist es eher eine Festlegungssache.

Da sowohl der Gesetzgeber als auch die Norm unter Punkt 6.6 die Ermittlung der Gesamtverbräuche fordern, müssen die Werte in eine Energieeinheit umgerechnet werden, hier in kWh. Die Spalte €/unit dient der Plausibilitätsprüfung, um grobe Additionsfehler bei mehreren Rechnungen schnell zu identifizieren. Nicht von der Norm gefordert, aber hilfreich für die immer wichtiger werdende CO_2-Bepreisung, ist die Ermittlung der CO_2-Emissionen. Die dazu benötigten Umrechnungsfaktoren können beim Strom der Stromrechnung, bei anderen Energieträgern Publikationen des UBA oder BAFA entnommen werden (z. B. Merkblatt zu den CO_2-Faktoren: https://www.bafa.de/SharedDocs/Downloads/DE/Energie/eew_infoblatt_co2_faktoren_2021.html).

Anmerkung: Die angegebenen CO_2-Emissionsfaktoren des BAFA und UBA beziehen sich auf den Heizwert. Sollten, wie oben empfohlen, die Brennwerte als Umrechnungsfaktoren genutzt werden, so müssen die CO_2-Emissionsfaktoren korrigiert werden (Faktor = Heizwert/Brennwert).

Beispiel: Heizöl: 0,266 t CO_2/MWh, Korrekturfaktor für Brennwertenergie: 9,94/10,6 = 0,9378, also 0,249 t CO_2/MWh.

Keine Abgrenzung Dritter

Im Gegensatz zum EnFG ist eine unentgeltliche Weiterleitung an Dritte hier nicht abzugrenzen. Die Norm schließt alle Personen ein, die unter Aufsicht Tätigkeiten verrichten. Laut Anhang A.3 sind dies auch Auftragnehmer und Dienstleister. Außerdem sind ausgegliederte Prozesse, bei denen die Organisation Befugnis zur Steuerung des Energieverbrauchs hat (zumindest zum Teil) im Anwendungsbereich der Norm (3.3.9). Beispiel wäre eine von Externen nach Vorgaben betriebene Lackiererei auf dem eigenen Betriebsgelände.

Wie umrechnen bei „exotischen" Energiearten?

Dampf, Druckluft, Wärme

Bisher wurden Energiearten besprochen, die entweder gar nicht umgerechnet werden müssen wie Strom oder sich leicht umrechnen lassen wie Brenn- oder Treibstoffe. Was ist aber mit Wasserdampf, was ist mit gelieferter Druckluft? Was ist mit Wärme aus einer Wärmepumpe? Hierauf geben die einschlägigen Leitfäden bisher keine Antwort. Um eine Lösung zu finden, ist es hilfreich, in Erzeugungsenergie, Energiegehalt bzw. nutzbare Energie und tatsächlich genutzte Energie zu differenzieren. Benötigt wird die nutzbare Energie. Ohne hier in alle Details zu gehen, im Folgenden einige Antworten:

Dampf (gesättigt), der Energieträger der chemischen Industrie: Hier entspricht die nutzbare Energie der Enthalpie-Differenz von Dampftemperatur und Kondensattemperatur.

Beispiel Dampf

Dampf 180 °C und ca. 10 bar mit einer Enthalpie von 2778 kJ/kg, Kondensatrücklauf 60 °C mit einer Enthalpie von 251 kJ/kg, d. h., die nutzbare Energie beträgt 2527 kJ/kg (= 0,7 kWh/kg); wird alles einfach abgeblasen, also nicht kondensiert, dann ist die nutzbare Energie 2778 kJ/kg (= 0,77 kWh/kg).

Weitere Infos

https://energie.ch/dampftabelle/

Druckluft, geliefert und nicht selbst erzeugt: der Exergiegehalt, also der nutzbare Anteil mechanischer Energie (Arbeitsfähigkeit), ist deutlich höher als oft angenommen. Der Grund liegt darin, dass herkömmliche Energieflussdiagramme den Anteil der Energie der Ansaugluft nicht berücksichtigen. Bei Exergie-Diagrammen wird der arbeitsfähige Energieanteil der Druckluft zu jedem Zeitpunkt über das Druck- oder Temperaturgefälle gegenüber der Umgebung berücksichtigt.

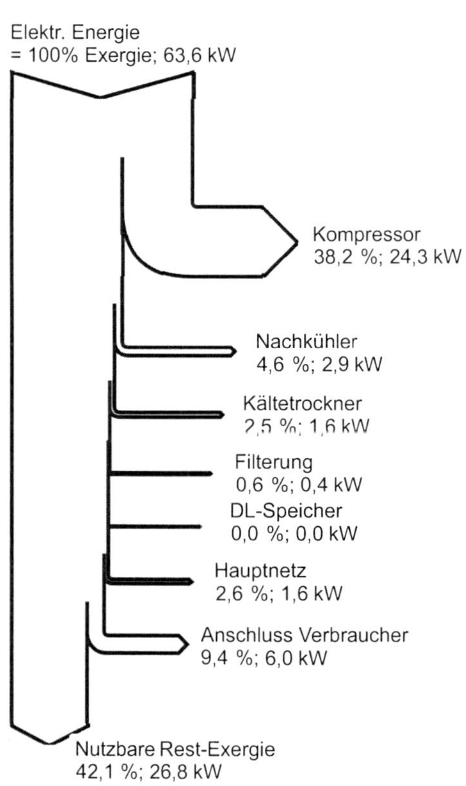

Abb. 14: Exergie-Sankey-Diagramm eines Druckluftsystems ohne Wärmerückgewinnung [2]

Liegt ein Exergieflussbild des Druckluftsystems vor, so lässt sich der Exergiegehalt in % auf der jeweiligen Stufe ermitteln (z. B. in Abb. 14 im Hauptnetz ca. 54 %). Kennt man dann noch den Erzeugungswert des Lieferanten (z. B. 0,11 kWh/Nm^3), so lässt sich der nutzbare Energiegehalt aus der gelieferten Menge in Nm^3 leicht ermitteln. Da die nutzbare Wärme aufseiten des Erzeugers liegt, wird sie hier nicht weiter aufgeführt.

Weitere Infos

https://www.eneffah.de/home/o_und_p_Exergieflussdiagramme.pdf

Kostenlose Wärme aus Erde, Luft und Wasser: Mit einer Wärmepumpe wird einer großen Niedrigtemperaturquelle Wärme entzogen und mit Hilfe elektrischer Energie auf höhere Nutztemperaturen angehoben. Sie ist im Grunde ein umgekehrt funktionierender Kühlschrank. Während ein Kühlschrank seinen Inhalt abkühlt und die Wärme nach außen abgibt, kühlt eine Wärmepumpe eine Wärmequelle ab und ermöglicht die Erwärmung einer Wärmesenke. Idealerweise sollten ein Wärmemengenzähler und ein Stromzähler installiert sein. Damit lässt sich dann die Jahresarbeitszahl/JAZ (Nutzwärme/Strom), aber auch die aus der Umwelt entnommene Wärme durch Differenzbildung ermitteln.

JAZ, COP, SCOP

Ist kein Wärmemengenzähler installiert, so lässt sich die Nutzwärme aus der Leistungszahl COP (engl.: Coefficient of Performance) und dem Stromverbrauch abschätzen. Durch anschließende Differenzbildung lässt sich die Umweltwärme ermitteln. Der COP ist aber grundsätzlich abhängig von der Temperatur der Wärmequelle und den benötigten Heiztemperaturen. Dadurch bildet jede Kombination dieser beiden Parameter einen anderen COP. Damit die Wärmepumpen unterschiedlicher Hersteller aber verglichen werden können, wurden bei bestimmten Betriebspunkten einheitliche Parameter zur Bestimmung des COP festgelegt. Zahlreiche Hersteller optimierten ihre Anlagentechnik genau auf die Temperaturbedingungen der Prüfpunkte, um eine möglichst gute Effizienzbewertung zu erhalten.

In keiner Weise berücksichtigt wird bei dieser Vorgehensweise, dass invertergeregelte Kompressoren, die ihre Leistung modulierend abgeben können, Stand der Technik sind. Auch z. B. der Standby-Stromverbrauch, der konkret über die tatsächliche Wirtschaftlichkeit eines Produkts entscheidet, wird beim COP nicht beachtet.

Im Rahmen der Öko-Design-Richtlinie (konkret EU-VO Nr. 813/2013 mit entsprechender Kennzeichnungsverordnung EU-VO Nr. 811/2013) änderte sich diese Vorgehensweise. Ab Herbst 2015 führte man den Seasonal COP (SCOP) gemäß der DIN EN 14825 ein. Der gravierende Unterschied zum COP: Die Leistungsmessung findet nicht nur bei einer einzigen Temperatur statt, sondern bei vier unterschiedlichen Werten sowie für drei Klimazonen. Darüber hinaus fließen auch Faktoren wie der Standby-Verbrauch ein. Diese SCOP-Werte sind daher deutlich besser geeignet, die aufgenommenen Wärmemengen abzuschätzen.

Weitere Infos

„COP, SCOP, ESCOP – effizient, effizienter, am effizientesten?“ aus KKA 02/2015 [3]

Wie oben erläutert, kann die Umgebungswärme jedoch unberücksichtigt bleiben. Anders sieht es aus, wenn Abwärme eines bisher nicht erfassten Prozesses „hochgepumpt“ wird. Diese ist dann korrekt zu erfassen.

3.3 Detailanalyse

Wo fließt die Energie im Einzelnen hin? Dies soll im Rahmen der weiteren Analyse (hier Detailanalyse genannt) geklärt werden. Das Ergebnis sind üblicherweise Sankey-Diagramme oder „Kuchendarstellungen“ in Excel. Der Detailierungsgrad ist nicht vorgegeben und schwankt zwischen z. B. jedem elektrischen Verbraucher bis hin zu wenigen Prozessen. Der Nutzungsgedanke sollte hier im Vordergrund stehen. Aber auch Messmöglichkeiten und SEU-Kriterien spielen eine Rolle.

Gesamtverbrauch als Kontrollgröße

Abbildung 15 zeigt eine Möglichkeit die Daten zu erfassen. Als Bezugsgröße kann der Gesamtverbrauch des Unternehmens gewählt, aber auch einfach der Verbrauch jedes einzelnen Energieträgers (z. B. Strom) genommen werden. Die Summe der für einzelne Anlagen ermittelten Verbräuche sollte dann ungefähr den Gesamtverbrauch ergeben. Liegen die Summenwerte deutlich über 100 %, so sollte die Messtechnik oder Schätzmethodik überprüft werden. Gleiches gilt, wenn die Summe der Einzelmessungen deutlich unter 100 % liegt. Mögliche Ursachen sind bei Strom z. B. Trafoverluste, falsch dimensionierte Wandler oder falsche Wandlerverhältnisse im Messgerät. Der messtechnische Aufwand sollte so gewählt werden, dass SEUs identifiziert und ggf. grobe Trends beim Vergleich zweier Jahre erkannt werden können. Es geht an dieser Stelle nicht um den Nachweis der Verbesserung der energiebezogenen Leistung.

Analyse der Energieeinsätze für 20xx 4. Mrz. 20

Gesamtenergieverbrauch: 2.500.000 kWh/a

Werk	Inventar-nummer	Anlage/ Prozess	Baujahr	Energie-art	Leistung in kW (real)	Produkt.-stunden h/a	Verbrauch in kWh/a 20xx	% Gesamt-energiever-brauch	Nutzungs-klasse	SEU (J/N)	Mess-einrich-tung	Genauig-keit in %	Prognose in kWh/a 2019	Bemerkung
1	12345	CNC	1996	Strom	20	5000	100000	4	1	n	Strom-zange	30	100000	cos phi = 0,9
3	6789	Kneter	2005	Strom			270000	10,8	2	j	Zähler	2	250000	

Abb. 15: Detailanalyse der Energieeinsätze

Beispiel

Als Energieart wurde im Beispiel „Strom" gewählt. Bei anderen Energieträgern müssen ggf. noch Umrechnungsfaktoren berücksichtigt werden. Die Ermittlung der beiden Beispielverbräuche erfolgte unterschiedlich. Für den Kneter gibt es einen Zähler, der unmittelbar die richtigen Werte liefert. Für die CNC-Bearbeitungsmaschine wurde lediglich eine Stromzange benutzt. Dies ist sicher besser als die Nennleistung mit einem Lastfaktor von z. B. 0,5 zu nehmen, aber auch noch relativ grob, da die Maschine nicht konstant läuft. Hier wäre eine temporäre Messung mit einem mobilen Energiemessgerät angemessener.

Nutzungsklassen

Als hilfreich hat sich erwiesen, sog. Nutzungsklassen einzuführen, die ein Filtern nach Anlagen gleicher Nutzung ermöglichen. Diese Detailanalyse bildet die Grundlage für die Identifizierung der SEUs, aber bei Aktualisierungen ist die Information, ob es sich um einen SEU handelt, auch an dieser Stelle nützlich. Erfahrungsgemäß gibt es noch andere Möglichkeiten der Dokumentation. Dem Leser steht es völlig frei, das Excel-Tool entsprechend anzupassen.

4 SEU

4.1 Was will die Norm?

Menge und/oder Potenzial

Auf Basis der Analyse des Energieeinsatzes und des Energieverbrauchs müssen SEUs identifiziert werden (6.3 b). Dies sind Energieeinsätze mit wesentlichem Anteil am Energieverbrauch und/oder mit erheblichem Potenzial für die Verbesserung der energiebezogenen Leistung (3.5.6). Kriterien dafür, was ein wesentlicher Anteil bzw. was ein erhebliches Potenzial ist, muss die Organisation festlegen. In den meisten Fällen wird die Option mit dem erheblichen Potenzial nicht gewählt. Sie ist einfach zu wenig konkret und würde genaugenommen auch nur temporäre SEUs kreieren, denn nach wenigen Jahren sind die Maßnahmen umgesetzt und das Potenzial ist ausgeschöpft. Außerdem lassen sich Verbesserungspotenziale auch in Nicht-SEU-Bereichen umsetzen.

Vorgaben für SEUs

Für jeden SEU müssen

1. die relevanten Variablen und
2. die aktuelle energiebezogene Leistung bestimmt werden sowie
3. Personen ermittelt werden, die unter Aufsicht der Organisation Tätigkeiten verrichten und die Einfluss auf die SEUs haben oder nehmen (6.3.c).

Relevante Variable bestimmen

Schritt 1 beinhaltet die ganze Kette von a) Identifizieren möglicher Einflussfaktoren, b) Bestimmen, welche davon relevant sind, und c) Erstellen einer normierten EnPI (spezifisch oder Modell). Gütekriterien für das Modell sind statistische Kennzahlen wie das Bestimmtheitsmaß R^2, der Standardfehler der Regression sowie die Ergebnisse des F- und t-Tests. Insbesondere die P-Werte geben eine Aussage, inwieweit die Variablen relevant sind. Um diesen Weg zu beschreiten, müssen für den SEU mindestens Monatswerte, besser Wochen- oder gar Tageswerte vorliegen, sowohl für den Energieverbrauch als auch für die potenziellen Variablen.

Aktuelle energiebezogene Leistung

Schritt 2 ist dann einfach. Liegen keine Variablen vor, so steht dort der absolute Energieverbrauchswert, beim spezifischen Energieverbrauch der entsprechende EnPI-Wert, z. B. 3,12 kWh/kg Produkt. Bei einem EnPI-Modell ist der EnPI-Wert letztlich auch ein reiner Energiewert. Er dürfte nur minimal vom realen Wert abweichen. Die durchgeführte Normierung wird hier erst erkennbar, wenn der entsprechende Baseline-Wert im nächsten Jahr mit dem Modell errechnet wird. In beiden Fällen liegen aber reine Energiewerte vor.

Einflussnehmende Personen ermitteln

Personen unter Aufsicht der Organisation (Schritt 3) sind eigene Mitarbeiterinnen und Mitarbeiter, aber auch z. B. Mitarbeiter von Fremdfirmen (A.3). Sollten sie Einfluss auf einen SEU nehmen können, sind sie zu erfassen. Es fragt sich nur, was sinnvollerweise dokumentiert werden sollte. Um keine langen und sich häufig ändernde Namenslisten zu erzeugen, werden in den Vorlagen nur die verantwortlichen Funktionen ggf. Fremdfirmen dokumentiert.

4.2 Identifizieren von SEU

Mit den Informationen aus der Detailanalyse (s. Abb. 16) lassen sich die SEUs leicht identifizieren, sofern die Kriterien klar festgelegt sind. Wie oben erläutert, wird hier der Potenzialteil der SEU-Definition ausgeklammert. Der Fokus liegt auf mengenabhängigen Kriterien. Das ist normkonform und die am häufigsten anzutreffende Variante.

SEU-Kriterien

Typische Beispiele sind:

- Energieeinsätze mit mehr als z. B. 10 % Anteil am Gesamtenergiejahresverbrauch sind wesentlich, oder

- Energieeinsätze mit mehr als x % Anteil am Jahresverbrauch des jeweiligen Energieträgers sind wesentlich, oder
- ergibt die Summe der Anlagen gleicher Nutzungen mehr als x % am ... (s. o.), so liegt ein SEU vor, oder
- Energieeinsätze, die in Summe ca. 80 % des Gesamtverbrauchs abdecken, sind wesentlich (Pareto-Ansatz) oder
- einfach ein TOP-x-Ansatz.

Aber Vorsicht

Bei der Festlegung der Kriterien und damit letztlich auch der SEUs sollten die weiteren Anforderungen an SEUs nicht ganz unbeachtet bleiben. Für SEUs müssen EnPIs bestimmt werden, konkret heißt das: Die Energieverbräuche und relevanten Variablen müssen quantitativ bestimmt werden. Sollte man eine dieser Größen nicht messen können oder wollen, so sollte dies bei der Wahl der Kriterien beachtet werden.

Die Anzahl der ermittelten SEUs spielt eine Rolle bei der Berechnung der Auditzeiten für ein Zertifizierungsaudit. Für diesen Zweck sollten SEUs gleicher Nutzung (sofern nicht ohnehin schon geschehen) zusammengefasst werden.

4.3 Merkmale der SEUs

Nachdem die SEUs identifiziert sind, müssen die oben aufgeführten Informationen für jeden SEU bestimmt werden.

energetische_ bewertung.xlsx

Eine Vorlage dazu finden Sie im beigefügten Excel-Tool im Reiter SEU, siehe auch Abbildung 16.

SEU = wesentliche Energieeinsätze											
Standort:											
Gesamtenergie-verbrauch:	**1.000.000**	**kWh/a**									
Nr	**Bezeichnung SEU**	**zugehörige Anlagen/ Verbraucher**	**Verbrauch in kWh 20xx**	**% vom Gesamtverbrauch**	**mögliche Einflussfaktoren**	**relevante Variable(n)**	**Wert der Variable(n) 20xx**	**EnPI/ Modell**	**EnPI-Wert 20xx**	**Verbrauch 20xx+1 (Prognose)**	**Personen mit Einfluss auf SEU**
1	Heizen	Heizung Gebäude 1	100000	10	Witterung, Fläche, Gebäudehülle	Witterung mit KF, beh. Fläche in m^2	800	EV/m^2*KF	150	100000	Facility Managem.
		Heizung Gebäude 2	150000	15			1400		128,57	150000	Facility Management
							1,2				

Abb. 16: SEU-relevante Merkmale

Variable Wetter

Alle in 6.3c geforderten Punkte (s. auch Abschnitt 4.1) sind erkennbar. Bei der Gebäudehülle handelt es sich um einen statischen Faktor, sodass diese nicht in die EnPI mit eingeht. KF ist der Klimafaktor, wie er in Deutschland für Heizzwecke (Energieverbrauchsausweise) vom deutschen Wetterdienst nach Postleitzahlen geordnet zur Verfügung gestellt wird: https://www.dwd.de/DE/leistungen/klimafaktoren/klimafaktoren.html oder – etwas anwenderfreundlicher – https://energie-m.de/tools.html.

Nicht näher aufgeführt ist hier der Schritt zur Ermittlung der relevanten Variablen und der geeigneten EnPIs. Dies ist in vielen Fällen einer der aufwendigsten Schritte, da für Energieverbrauch und potenzielle Variablen größere zeitgleiche Datensätze benötigt werden. Nähere Informationen dazu finden Sie zum Beispiel im E-Book „Energieleistungskennzahlen – geeignete EnPIs finden und anwenden“ [4].

5 Chancen zur Verbesserung

5.1 Was will die Norm?

Priorisierung

Analog zur Vorgängerversion müssen auch nach ISO 50001:2018 die identifizierten Verbesserungspotenziale priorisiert werden. Ob die Organisation hierfür die Amortisationszeit, den internen Zinsfuß oder den Kapitalwert bestimmt oder eine völlig andere Methode benutzt, bleibt ihr überlassen. Aber da seit November 2023 alle technisch durchführbaren Effizienzmaßnahmen mit der Kapitalwertmethode nach DIN EN 17463 bewertet werden müssen (s. § 8 EnEfG), ist dies mittlerweile die Methode der Wahl. Da noch keine Entscheidung zur Umsetzung erfolgt ist, gehören diese Chancen (noch) nicht in den Aktionsplan.

5.2 Finden und Bewerten von Energieeinsparpotenzialen

Chancen entdecken

Dieser Schritt ist mit einer der wichtigsten für den Erfolg des Energiemanagements. Hier geht es um das Entdecken neuer Einsparmöglichkeiten bzw. Möglichkeiten zur Effizienzsteigerung. Kreativität, technischer Sachverstand, aber auch Vorschläge für organisatorische Änderungen sind gefordert. Brainstorming im Energieteam, Ideen aus dem betrieblichen Vorschlagswesen oder externe Expertise können Lösungen aufzeigen.

Bewertung der Energieeinsparpotenziale (Chancen)

Im Werk "Praxis Energiemanagement" (enm.tuev-media.de) finden Sie in Kapitel 11204 ein Berechnungstool für die DIN EN 17463.

Nr.	Investition/ Maßnahme (Nr.)	eingereicht durch	Investitionssumme (EUR)	Nutzungdauer (ND) (Jahre)	Einsparung Energie (kWh/Jahr)	Einsparung Kosten (EUR/Jahr)	Statische Amortisat. (Jahre)	Kapitalwert am Ende der ND (€)	Wirtschaftlich nach VALERI (J/N)
1	Beispielmaßnahme	Müller	150.000	15	200.000	40.000	3,75	512.000	J

Abb. 17: Priorisierung der Chancen

Kapitalwert nach DIN EN 17463 (VALERI)

Die Norm fordert eine Priorisierung. Das angegebene und im Excel-Tool verwendete Beispiel (s. Abb. 17) wurde in Anlehnung an SpaEfV Anlage 2 Tabelle 3 entwickelt. Dort wird neben der statischen Amortisationszeit der interne Zinsfuß favorisiert. Mittlerweile wird jedoch gesetzlich die Kapitalwertmethode nach DIN EN 17463 (Valuation of energy related investments – VALERI) gefordert. Laut EnEfG §9 ist die Maßnahme wirtschaftlich, wenn sie nach 50 % der Nutzungsdauer einen positiven Kapitalwert hat.

Umsetzungspflicht

Daher wird empfohlen, für die Priorisierung sowohl den Kapitalwert am Ende der Nutzungsdauer als auch das Ergebnis der Wirtschaftlichkeitsbewertung zu dokumentieren. Ist die Maßnahme technisch machbar, führt sie zu einer Steigerung der Energieeffizienz, und ist sie wirtschaftlich, muss sie umgesetzt werden (§ 9 EnEfG). Lediglich den Zeitpunkt der Umsetzung kann das Unternehmen nach betrieblichen Belangen selbst bestimmen.

Weitere Infos

Weitere Informationen inkl. eines konformen Berechnungstools können dem Beitrag 11204 im Werk Praxis Energiemanagement entnommen werden (enm.tuev-media.de).

6 EnPIs und EnBs

6.1 Was will die Norm?

Bündel an EnPIs

EnPIs müssen zwei Funktionen erfüllen, zum einen müssen sie die energiebezogene Leistung (ebL) der Organisation widerspiegeln, zum anderen müssen sie einen Nachweis der Verbesserung der energiebezogenen Leistung ermöglichen. Da es schwierig bzw. in den meisten Fällen unmöglich sein dürfte, die EINE normierte EnPI für die Gesamtorganisation zu bestimmen, erwartet die Norm ein Bündel an EnPIs, mit dem die ebL gesteuert werden kann (ISO 50001, A.4 und 6.6). Was den Nachweis der Verbesserung angeht, so ist zu differenzieren zwischen EnPI für SEU/Organisationsbereiche und EnPI für Maßnahmen (EPIA). Der Nachweis bei EPIA gelingt durch einen Vorher-Nachher-Vergleich unter vergleichbaren Bedingungen. Die Begrifflichkeiten aus der Visualisierung aus Abbildung 13 lassen sich auf beide Ansätze anwenden.

Wenn Daten/Informationen vorliegen, die darauf hinweisen, dass sich relevante Variablen wesentlich auf die ebL auswirken, muss dies bei der Festlegung geeigneter EnPIs berücksichtigt und eine Normierung der entsprechenden EnPI-Werte bzw. Baseline-Werte (EnB) durchgeführt werden.

Minimum

Für jede EnPI muss ein Baseline-Wert festgelegt werden, wobei jede EnPI ihren eigenen Bezugszeitraum haben kann. Die Länge des Zeitraums für die Berechnung des Baseline-Werts muss mit der des Berichtszeitraums übereinstimmen (Ausnahme bei spezifischem Energieverbrauch).

Anpassung EnB

Die EnBs müssen modifiziert werden, falls

a) die EnPIs nicht länger die ebL der Organisation widerspiegeln,

b) größere Veränderungen bei den statischen Faktoren auftreten (sog. relevante nicht routinemäßige Ereignisse – NRE) oder

c) dies im Voraus in einem bestimmten Verfahren festgelegt wurde (z. B. eine dynamische, jährlich angepasste Baseline).

Folgendes muss dokumentiert werden:

- Verfahren zur Bestimmung und Aktualisierung der EnPI(s) (am besten in Kombination mit dem Verfahren zur energetischen Bewertung),
- die EnPI-Werte und EnB (= Baseline-Werte),
- Daten relevanter Variablen und Modifikationen der EnB(s).

6.2 Energie-Dashboard

Der Nachweis der Verbesserung bei SEU bzw. bestimmten Organisationsbereichen kann beispielhaft der Abbildung 20 weiter unten entnommen werden. An dieser Stelle soll es um die Frage gehen, wie sich die energiebezogene Leistung der gesamten Organisation darstellen lässt. Sollte es möglich sein, EINE angemessene EnPI (spezifisch oder mit einem Modell) für die Gesamtorganisation zu bilden, kann der Nachweis der Verbesserung auch analog Abbildung 20 geführt werden. In diesem Fall sollte geprüft werden, ob eine zufriedenstellende Korrelation mit akzeptablem Standardfehler und Bestimmtheitsmaß zwischen dem Energieverbrauch und der/den relevanten Variablen existiert. Die EnPI des Gesamtenergieverbrauchs allein ermöglicht es in der Regel jedoch nicht, den Erfolg einzelner Maßnahmen zu sehen. Sie gehen oft im Rauschen unter. Daher empfiehlt es sich, ein Bündel an EnPIs zu etablieren und sie in Form eines Energie-Dashboards aufzubereiten (s. Abb. 18).

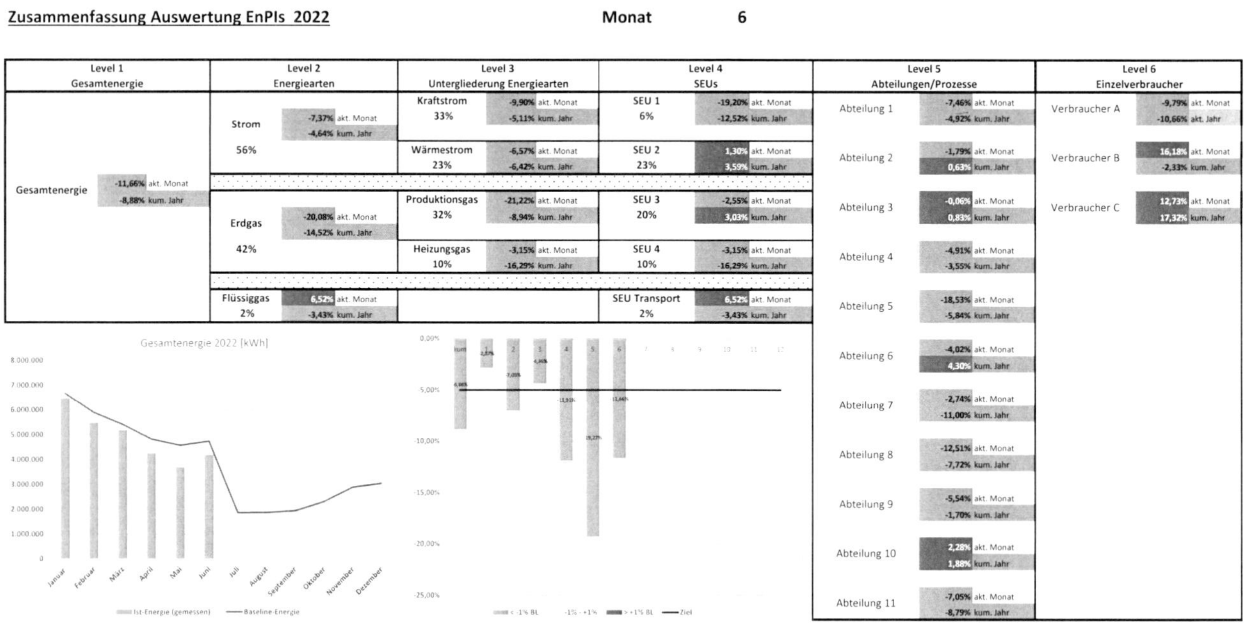

Abb. 18: Energie-Dashboard auf Excel-Basis

Beispiel

Für insgesamt 6 Level wurden verschiedene EnPIs basierend auf Forecast-Modellen gebildet. In diesem Fall war auch die Bildung einer EnPI für den Gesamtenergieverbrauch möglich. Relevante Variable sind die Produktionsmenge und das Klima, ausgedrückt in Heizgradtagen. Für die Energiearten wurden sogar zwei Level etabliert, gefolgt von den SEU. Da es messtechnisch möglich ist, konnten die Energieverbräuche auch Abteilungen zugeordnet werden (Level 5). Level 6 bilden Einzelverbraucher, die aktuell im besonderen Fokus stehen.

Für jede EnPI wird automatisch die monatliche bzw. kumulierte Abweichung von den Baselinewerten ermittelt und mit rot (Verschlechterung) bzw. grün (Verbesserung) visualisiert. Bei klimatisch abhängigen EnPIs wird zunächst mit Baseline-Planwerten basierend auf den Durchschnittswerten der letzten drei Jahre gearbeitet, die unmittelbar angepasst werden, sobald die realen Heizgradtage vorliegen.

Im ersten Halbjahr des untersuchten Jahres sieht es insgesamt sehr erfreulich aus. Der kumulierte normierte Gesamtenergieverbrauch liegt deutlich unterhalb der Baseline und auch deutlich unter der Ziellinie von −5 %. Dennoch gibt es zwei Bereiche (SEU 2 und Verbraucher C), in denen die kumulierten Werte tief rot sind. Hier besteht Untersuchungsbedarf.

Im Gegensatz zur Darstellung in Abbildung 20 wird hier keine Fehlerbetrachtung durchgeführt. Mit diesem Dashboard wird die ebL zeitnah überwacht und gesteuert. Am Ende des Jahres wird zur Nachweisführung jedoch ein Vergleich unter Beachtung des Mess- und Modellfehlers durchgeführt. Dabei sollten ein Top-down-Ansatz und ein Bottom-up-Ansatz gewählt werden, denn sollten sich die Fehlerbalken der Gesamt-EnPI überlappen, also keine Verbesserung anzeigen, so können Verbesserungen bei untergeordneten EnPIs oder Verbesserungen durch Einzelmaßnahmen (Bottom-up) ausreichen, um den Nachweis der Verbesserung führen zu können.

Wenig Hilfestellung von den Normen

Die Norm gibt insgesamt sehr wenig Anleitung, wie man den Nachweis der Verbesserung der ebL für die gesamte Organisation führen muss. Im letzten Satz von Anhang A.4 stellt sie klar, dass sie bezogen auf den gesamten Anwendungsbereich eine Verbesserung der ebL erwartet. Auch die neue ISO 50003:2021 wird im Anhang C nicht viel deutlicher, sie weist lediglich noch auf die Situation im Multisiteverfahren hin, in dem sich der Anwendungsbereich über mehrere Standorte mit unterschiedlichen Beiträgen zur Verbesserung der ebl erstreckt. Spätestens an dieser Stelle wird man sich vom Gedanken der EINEN EnPI verabschieden müssen.

Lösung

Die Lösung ist immer eine Gesamtbetrachtung mehrerer EnPIs, wie im Dashboard dargestellt. Dabei können auch die Gewichtung in Prozent vom Gesamtenergieverbrauch und sog. nicht-routinemäßige Ereignisse (NRE) eine große Rolle spielen. Änderungen dieser statischen Faktoren können auch zu neuen relevanten Variablen führen, sodass etablierte Modelle ihre Gültigkeit verlieren.

7 Vergleiche und Abweichungsanalysen

7.1 Was will die Norm?

Untersuchung und Reaktion bei Abweichungen

Hier geht es um Abweichungen von der „vorgesehenen ebL" (8.1) und nicht um systemische Abweichungen (= Nichtkonformitäten). Bei der „vorgesehenen ebL" handelt es sich um SOLL-Werte für SEUs oder auch im Zusammenhang mit einer Maßnahme (EPIA). Werden diese signifikant über- oder unterschritten, sind eine Untersuchung und ggf. Reaktionsmaßnahmen gefordert (9.1.1). Sowohl Untersuchungsergebnisse als auch die getroffenen Maßnahmen sind zu dokumentieren. Was eine signifikante Abweichung vom SOLL ist, legt die Organisation fest (8.1). Dabei kann sie mit nur einem Schwellenwert vom SOLL arbeiten oder auch mit Schwellenwerten auf beiden Seiten vom SOLL. Die Untersuchung „positiver" Abweichungen von der ebL kann neue Erkenntnisse für Einsparpotenziale bringen.

Bei diesen SOLL-Werten handelt es sich nicht notwendigerweise um Energieziele zur Verbesserung der ebL. Es kann sein, dass man einfach nur den Status quo halten möchte (also Baseline-Niveau) oder die ebL im Tagesbetrieb verfolgt, um z. B. am Ende des Jahres ein Energieziel zu erreichen. Die Norm erwähnt im Kapitel 9.1.1 bei den Bewertungsanforderungen kein einziges Mal explizit den Begriff „Energieziel". Die Verbesserung der ebL muss durch den Vergleich mit der Ausgangsbasis bewertet werden. Erst im Rahmen der Managementbewertung wird die Bewertung der Zielerreichung eindeutig gefordert (9.3.3 und 9.3.4 d).

Vergleich mit Baseline und Ziel

Unabhängig von diesen Feinheiten ist letztlich sowohl ein Vergleich mit der Ausgangsbasis als auch mit den Zielwerten gefordert. Dabei ist es möglich, dass eine Verbesserung der ebL gegenüber der Ausgangsbasis vorliegt, aber das Energieziel nicht erreicht wird. Für diesen Fall kann die Organisation Schwellenwerte festlegen, ab welchem Zielerreichungsgrad noch ein Erreichen vorliegt. Wird dieser Level unterschritten, sind in der Regel Maßnahmen zu ergreifen (9.1.1 und 9.3.4 d). Ist die ebL gar signifikant schlechter als die Ausgangsbasis (dies muss definiert werden), dann gilt ebenfalls „untersuchen und ggf. Maßnahmen ergreifen". Auch die Angemessenheit der EnPI sollte dabei auf den Prüfstand gestellt werden.

ANMERKUNG: Die Norm definiert Ziel als „zu erreichendes Ergebnis". Im Gegensatz zum Energieziel enthält diese Definition nicht notwendigerweise eine Verbesserung. In Anmerkung 3 zum Begriff wird ausgeführt, dass es sich bei Formulierungen wie z. B. „beabsichtigte Ergebnisse" auch um Ziele handeln kann, d. h., das SOLL „Halten des Baseline-Werts" könnte auch als „Ziel" bezeichnet werden. Um jedoch keine sprachliche Verwirrung mit dem Energieziel zu schaffen, wird hier der in der Praxis häufig benutzte Begriff SOLL verwendet.

7.2 Operativer SOLL-IST-Vergleich

Laut Abschnitt 9.1.1 der ISO 50001:2018 müssen folgende Merkmale überwacht und ggf. gemessen werden:

1. die Wirksamkeit der Aktionspläne hinsichtlich der Erreichung von Zielen und Energiezielen,
2. die EnPI(s),
3. der Betrieb der SEUs,
4. der tatsächliche gegenüber dem erwarteten Energieverbrauch.

Die Details dazu werden im Plan zur Energiedatensammlung (6.6.) festgelegt.

Überwachung des Betriebs

Ein Punkt ist hier bemerkenswert. Die neue Norm möchte den „Betrieb" der SEU überwachen. Abschnitt 6.6 verlangt daher auch, Daten zu betrieblichen Kriterien der SEU zu sammeln, und Abschnitt 8.1 fordert, betriebliche Kriterien festzulegen und die Prozesse damit zu steuern. Es geht um Regeln und Richtwerte, damit die Prozesse die beabsichtigten Energieverbrauchsergebnisse erreichen. Beispiele sind bestimmte Temperaturen, Drücke oder auch Vorschriften für die Reihenfolge der Tätigkeiten. Aber auch operative SOLL-Werte für den Energieverbrauch können betriebliche Kriterien sein. Um dabei einen Vergleich ohne große Umrechnungen zu ermöglichen, sollten auch Erwartungswerte der EnPI „spezifischer Energieverbrauch" in absolute Werte umgerechnet werden. Modellergebnisse liefern schon direkt Energieverbräuche (müssen aber auch berechnet werden). Da reale Variablendaten oft erst mit zeitlicher Verzögerung vorliegen, empfiehlt sich zunächst die Verwendung von Plandaten.

Konkret sind z. B. folgende Erwartungswerte möglich:

- SOLL-Werte (Tages-, Wochen- oder Monatswerte) basierend auf den Baseline-Werten,
- SOLL-Werte (Tages-, Wochen- oder Monatswerte) basierend auf den Energiezielwerten.

Auch in diesem Fall ist es hilfreich, Schwellenwerte um den SOLL-Wert für die Untersuchung zu definieren (s. o. zur signifikanten Abweichung).

Beispiele

EnPI = Dampfverbrauch in t/Produktionsmenge in t mit einem Baseline-Wert von 10, d. h., der Dampfverbrauch (SOLL) bei einer erwarteten Produktionsmenge von 10 t/Tag liegt bei 100 t/Tag. Wird in dem Bereich noch ein Energieziel verfolgt, so ist der Wert entsprechend niedriger zu setzen. Die „Untersuchungsgrenze(n)" ist (sind) dann unter Beachtung der realen Schwankungen zu definieren.

Beispiel Modell

Bezugs-Modell-EnPI (Monat) = 5 MWh/t * Produktionsmenge in t + 500 MWh, bei einer erwarteten monatlichen Produktionsmenge von 2.500 t ergibt sich ein Verbrauch von 13 GWh. Dabei handelt es sich um den erwarteten Baseline-Wert (weiter analog Beispiel 1).

Eine Fehlerbetrachtung ist aufgrund der erhöhten Schwankungen bei kürzeren Zeitintervallen und geringeren Datensätzen nicht sinnvoll. Außerdem liegen in solchen Fällen oft noch keine realen Variablendaten vor.

7.3 Vergleich über längere Zeiträume

EnPI-Modell

Ergänzend zum operativen Controlling, das den laufenden Betrieb der SEU überwacht und steuert, wird der Vergleich der ebL mit der Ausgangsbasis und den Energiezielen in anderen Betrachtungszeiträumen (oft jährlich) und basierend auf realen Variablendaten durchgeführt. Die Datenlage ist zumeist deutlich besser, sodass auch Fehlerbetrachtungen möglich sind.

Die EnPI in Abbildung 19 ist das Ergebnis der linearen Regression resp. Modellbildung. In diesem Beispiel hat sich die ebL von 2019 im Vergleich zu der von 2018 im Durchschnitt um 9,4 % (1,83–17) verbessert. Auch das Ziel von –5 % vom Baseline-Durchschnitt wurde erreicht.

Anlage/Bereich/Nutzung: z.B. Heizen | Nur Zellen in dieser Farbe ändern | Version 3

EnPI (Baseline-Zeitraum): $E = b0 + b1 * HGT_{15,5}$ (auf Monatsbasis)
Reg. Koeeffizienten: 86995 (bo) | 1485,7 (b1) | 0 (b2)

Berichtszeitraum (BZ): 01.01.–31.12.2019 | Baseline-Zeitraum 01.01.–31.12.2018 | **Zielwert 31.12.2019** –5%

Relevante Variablen	PLAN BZ	IST (real) BZ	Monatsdurchschnitt		Anzahl der Tage/Monate (Berichtszeitraum)
HGT15,5	2070	2121	172,50	176,75	12 Monate
Var 2	0	0	0,00	0,00	(Werte der Variablen müssen zum Berichtszeitraum passen.)

	BZ	normierter Baseline-Wert		Abweichung BL-IST zu BZ		Zielwert	Zielerreichung	
	gemessen	PLAN	IST	absolut	in %	in Bezug zur BL	absolut	in %
EnPI-Werte in kWh	3800000	4119339,00	4195109,70	–395109,70	–9,42	3985354,22	–185354,22	–4,42
mit Fehlerbetrachtung	3914000		3990907,84	–76907,84	–1,83		–71354,22	–1,70
	3686000		4399311,56	–713311,56	–17,00			

Fehlerbetrachtung
Messunsicherheit in %: 3
Option 1 ausgeblendet

Nicht routinemäßiges Ereignis für BZ: 0 (± für Mehr- oder Minderverbrauch)
(norm. BL-Werte werden angepasst) (Zwischenzeitraum (ZZ): ± analog)

Schätzung der 95%-Intervalle am Modell-Mittelwert (schmalste Stelle)
Standardfehler der Regression: 29474 pro Monat
Anzahl der Messwerte (n): 12 (während der Modellierung)
Halbe Breite KI: 17017 pro Monat
Halbe breite PI: 58948 pro Monat

Anwendung auf BL-Werte (Vertrauenslevel <95 % bis >68 %)
Untere Grenze KI: 332576 pro Monat (Option 2: Verknüpfung mit F15)
Untere Grenze PI: 290644 pro Monat

Verzerrung (Bias): 0 pro Monat (Absoluter Abstand des Modell-Mittelwerts zum realen Mittelwert im Baseline-Zeitraum)

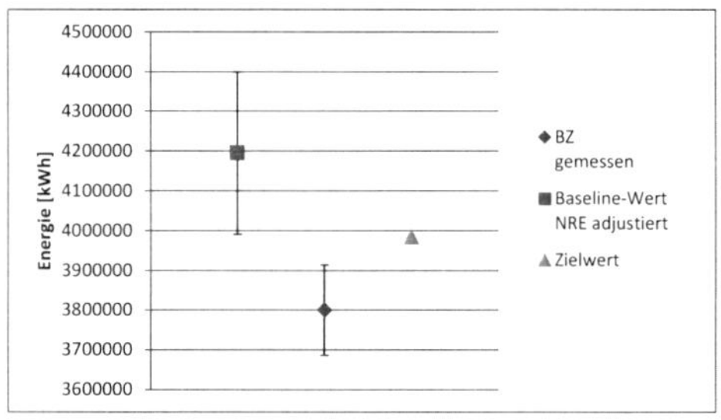

Abb. 19: Vergleich der ebL der Jahre 2018 (Bezugsjahr) und 2019 mit Fehlerbetrachtung; nicht routinemäßige Ereignisse (NRE) liegen nicht vor.

Da nicht zwingend für alle SEUs Energieziele festzulegen sind, kann sich der Vergleich auch lediglich auf den Vergleich mit den Baseline-Werten reduzieren. Erfolgt die Überwachung und Messung des Betriebs der SEU lediglich in längeren Zeiträumen (z. B. nur jährlich), so kann der oben vorgestellte operative SOLL-IST-Vergleich entfallen.

Abschließend eine Anmerkung zum Messen: Aufmerksame Leser werden festgestellt haben, dass es sich bei Energieverbräuchen, EnPI-Werten inkl. EnB und relevanten Variablen um quantitative Größen handelt, die aber nicht zwingend gemessen werden müssen (ISO 50001, Abschnitte 3.5.2, 3.4.5, 3.4.7, 3.4.9 und 6.6). Hochrechnungen von Messwerten und sachgerechte Schätzungen sind prinzipiell möglich. Es sollte jedoch bedacht werden, dass die „Genauigkeit" von Schätzungen ausreichen muss, um eine Verbesserung der ebL nachweisen zu können. Und genau hier liegt das Problem. Bei den meisten Schätzungen lässt sich der Schätzfehler auch nur schätzen, und er ist nur selten bedeutungslos. Daher sind Schätzungen im Zusammenhang mit dem Nachweis der Verbesserung in der Regel nicht geeignet.

Teil B Interpretation der Anforderungen der ISO 50001:2018 – Tabelle

Um den Anwender der Norm bei der Umsetzung der Anforderungen in der Praxis und bei der Vorbereitung und Durchführung interner Audits zu unterstützen, werden in der folgenden Tabelle die einzelnen Normanforderungen interpretiert und durch nützliche Informationen ergänzt. Dabei wird ein durchgängiges Spaltenschema angewendet:

Normanforderung	Erläuterung	Dokumentationsbeispiele/ Nachweise

Erläuterungen zu den Tabellenspalten

1. Normanforderung

Die Anforderungen der ISO 50001:2018 werden inhaltlich, aber nicht im Wortlaut aufgeführt. Das erleichtert die Arbeit in der Praxis, ersetzt allerdings nicht die Kenntnis des Originaltextes der Norm.

2. Erläuterung

In dieser Spalte wird erläutert, was unter der Anforderung zu verstehen ist bzw. bei der Umsetzung der Anforderung zu beachten sind.

3. Dokumentationsbeispiele/Nachweise

Diese Spalte enthält Beispiele für Dokumente, die die Erfüllung der Normanforderungen nachvollziehbar machen.

Arbeitshilfe zum Download

Die vollständige Tabelle haben wir Ihnen als Arbeitshilfe im Word-Format und als PDF zum Download bereitgestellt. Darin wurde die Spalte „Auditnotiz" hinzugefügt. So können Sie die Tabelle als Arbeitsgrundlage für ein internes Audit nutzen.

Sie können das Dokument frei bearbeiten und durch Hinzufügen oder Löschen von Spalten und Zeilen an die jeweilige Auditsituation anpassen.

Alle Arbeitshilfen dieser Broschüre stehen für Sie zum Download bereit unter:

https://www.qm-aktuell.de/60806-2/

Passwort: 23102

Quellen

1 DIN EN ISO 50001:2018-12, Energiemanagementsysteme – Anforderungen mit Anleitung zur Anwendung (ISO 50001:2018); Deutsche Fassung EN ISO 50001:2018, Beuth Verlag, Berlin

2 Krichel, Susanne; Hülsmann, Steffen; Hirzel, Simon; Elsland, Rainer; Sawodny, Oliver: Mehr Klarheit bei der Druckluft – Exergieflussdiagramme als neue Grundlage für Effizienzbetrachtungen bei Druckluftanlagen, aus: O+P Fluidtechnik 1-2/2012, Vereinigte Fachverlage GmbH, Mainz

3 www.kka-online.info/artikel/kka_COP_SCOP_ESCOP_effizient_effizienter_am_effizientesten_2309004.html

4 https://www.tuev-media.de/energieleistungskennzahlen-e-book

Normanforderung	Erläuterung	Dokumentationsbeispiele/Nachweise
Normkapitel 4: Kontext der Organisation		
4.1 Verstehen der Organisation und ihres Kontextes		
Externe und interne Themen sind bestimmt, die für den Zweck der Organisation relevant sind und sich auf ihre Fähigkeit auswirken, die beabsichtigten Ergebnisse ihres EnMS zu erreichen und ihre energiebezogene Leistung zu verbessern.	Der Zweck dieses Abschnitts liegt darin, positive und negative Themen zu verstehen, die beim Aufbau des EnMS zu berücksichtigen sind, z. B. Einschränkungen in der Energieversorgung, Witterungseinflüsse, Asset-Management. Weitere Beispiele siehe A.4	Energiemanagementhandbuch EnMS-Verfahrensanweisung Managementbewertung Tool Risiken und Chancen Fotos von Flipcharts
Die Organisation muss bestimmen, ob der Klimawandel ein relevantes Thema ist.	Kopplung mit 6.1 Risiken und Chancen Tools: PESTEL, SWOT, SWIFT	
4.2 Verstehen der Erfordernisse und Erwartungen interessierter Parteien		
Interessierte Parteien und Anforderungen, die für die energiebezogene Leistung und das EnMS relevant sind, sind bestimmt.	Kopplung mit 6.1 Risiken und Chancen	Energiemanagementhandbuch EnMS-Verfahrensanweisung Managementbewertung Tool Risiken und Chancen Fotos von Flipcharts
Es ist bestimmt, welche der identifizierten Erfordernisse und Erwartungen die Organisation mit ihrem EnMS behandelt.	Welche dieser Erfordernisse sind bindend?	
Relevante interessierte Parteien können Anforderungen in Bezug auf den Klimawandel haben.	Bei 4.1 und 4.2 handelt es sich um zwei unterschiedliche Ansätze, um den Kontext zu bestimmen. Von einer Vermischung ist abzuraten.	
Es ist sichergestellt, dass die Organisation Zugang zu den geltenden rechtlichen und anderen Anforderungen bezüglich ihrer Energieeffizienz, ihres Energieeinsatzes und Energieverbrauchs hat.	Diese Forderungen entsprechen Abschnitt 6.1.3 bei ISO 14001:2015 und ISO 45001:2018. Ähnliche Lösungen möglich, z. B. ein Verzeichnis mit rechtlichen und anderen Anforderungen.	
Es ist bestimmt, *wie* diese Anforderungen auf ihre Energieeffizienz, ihren Energieeinsatz und Energieverbrauch anzuwenden sind.		
Es ist sichergestellt, dass diesen Anforderungen Rechnung getragen wird.	Wird ein Rechtsverstoß im Verlauf des Audits festgestellt, dann liegt eine NC gegen diesen Normpunkt vor.	
Rechtliche und andere Anforderungen werden in festgelegten Abständen überprüft/aktualisiert.	Unbedingt auch alles rund um EnEfG, EDL-G, GEG, KWKG und EEG beachten (wenn zutreffend); es geht um die Identifizierung und Aktualisierung der Anforderungen, nicht um die Compliance-Bewertung (9.1.2). Erwartung: mindestens 2–4 mal pro Jahr	
4.3 Festlegen des Anwendungsbereichs des EnMS (Scope)		
Bei der Festlegung des Anwendungsbereichs werden die Grenzen und die Anwendbarkeit des EnMS bestimmt.		Energiemanagementhandbuch EnMS-Verfahrensanweisung Standortkarte Flucht- und Rettungswegeplan Satellitenbild Energetische Bewertung
Bei der Festlegung des Anwendungsbereichs wurden die unter 4.1 genannten externen und internen Themen sowie die unter 4.2 genannten Anforderungen berücksichtigt.	Es geht um Themen und Anforderungen, die Auswirkungen auf den Anwendungsbereich haben, z. B. die 90%-Regel im EDL-G.	
Es ist sichergestellt, dass die Befugnis zur Steuerung der Energieeffizienz, des Energieeinsatzes und Energieverbrauchs innerhalb des Anwendungsbereichs und der Grenzen vorliegt.	Dies sollte bei ausgegliederten Prozessen, die zum Scope gehören, geklärt sein. Wenn Verbräuche von auch zur privaten Nutzung überlassenen Dienstfahrzeugen nicht abgegrenzt werden können, müssen diese Fahrzeuge nicht in den Scope aufgenommen werden (siehe auch BAFA-Merkblatt zum Gesamtendenergieverbrauch).	
Es wird innerhalb des Anwendungsbereichs und der Grenzen keine Energiequelle ausgeschlossen.	Es geht um Input-Energiearten (= Quellen/Endenergien).	
Der Anwendungsbereich und die Grenzen des EnMS liegen als dokumentierte Information vor.		

Normanforderung	Erläuterung	Dokumentationsbeispiele/Nachweise
4.4 Energiemanagementsystem (EnMS)		
Entsprechend den Anforderungen der ISO 50001 wird ein EnMS aufgebaut, verwirklicht, aufrechterhalten und fortlaufend verbessert. Das System enthält die benötigten Prozesse und ihre Wechselwirkungen. Die energiebezogene Leistung wird fortlaufend verbessert.	Dieses hier klar ausgedrückte beabsichtigte Ergebnis wird an vielen Stellen in der Norm wieder aufgegriffen. Die Prozesse können von Organisation zu Organisation unterschiedlich sein (siehe 7.5.1). Beachte: Das System besteht aus Prozessen, also Verfahren mit Input und Output. Siehe auch 10.2	Energiemanagementhandbuch EnMS-Verfahrensanweisung Prozessübersicht
Normkapitel 5: Führung		
5.1 Führung und Verpflichtung		
Die oberste Leitung muss Führung und Verpflichtung übernehmen.		Energiemanagementhandbuch EnMS-Verfahrensanweisung Managementreview Ziele und Aktionsplan Organigramm Energiepolitik Nachweise der EnM-Teamsitzung
Sie gewährleistet, dass der Anwendungsbereich und die Grenzen des EnMS bestimmt sind.	Siehe auch 4.3	
Sie gewährleistet, dass Energiepolitik, Ziele und Energieziele bestimmt und mit der strategischen Ausrichtung der Organisation vereinbar sind.	Siehe auch 5.2 und 6.2	
Sie gewährleistet, dass die Anforderungen des EnMS in die Geschäftsprozesse integriert werden.	Siehe auch 6.2.3 und 9.3.4	
Sie gewährleistet, dass Aktionspläne genehmigt und umgesetzt werden.	Siehe auch 6.2.3	
Sie gewährleistet, dass die für das EnMS erforderlichen Ressourcen zur Verfügung stehen.	Siehe auch 7.1	
Sie vermittelt die Bedeutung eines wirksamen Energiemanagements sowie der Erfüllung der Anforderungen des EnMS.	Siehe auch 7.3	
Sie gewährleistet, dass das EnMS seine beabsichtigten Ergebnisse erzielt.	Siehe auch 4.4 und 10.2	
Sie fördert die fortlaufende Verbesserung der energiebezogenen Leistung und des EnMS.	Siehe auch 10.2	
Sie gewährleistet die Bildung eines Energiemanagement-Teams.	Siehe auch 5.3	
Sie leitet Personen dazu an und unterstützt sie dabei, zur Wirksamkeit des EnMS und zur Verbesserung der energiebezogenen Leitung beizutragen.	Siehe auch 5.3	
Sie unterstützt andere relevante Führungskräfte dabei, deren Führungsrolle in deren jeweiligen Verantwortungsbereichen deutlich zu machen.	Siehe auch 5.3	
Sie gewährleistet, dass die EnPIs die energiebezogene Leistung in geeigneter Weise darstellen.	Siehe auch 6.4 und 6.5	
Sie gewährleistet, dass innerhalb des Anwendungsbereichs und der Grenzen des EnMS Prozesse bestimmt und umgesetzt werden, um Veränderungen zu erkennen und zu behandeln, die sich auf das EnMS und die energiebezogene Leistung auswirken.	Siehe auch 8.1 (Änderungsmanagement)	

Normanforderung	Erläuterung	Dokumentationsbeispiele/Nachweise
5.2 Energiepolitik		
Die oberste Leitung hat eine Energiepolitik definiert,		Energiemanagementhandbuch EnMS-Verfahrensanweisung Energiepolitik
• die für den Zweck der Organisation angemessen ist,		
• die einen Rahmen zum Definieren und Überprüfen von Zielen und Energiezielen bietet,	Sie sollte selbst keine Ziele und Energieziele enthalten.	
• in der sie sich verpflichtet, die Verfügbarkeit von Informationen und erforderlichen Ressourcen zum Erreichen von Zielen und Energiezielen zu gewährleisten,		
• die eine Verpflichtung zur Erfüllung geltender rechtlicher und anderer Anforderungen im Zusammenhang mit Energieeffizienz, Energieeinsatz und Energieverbrauch enthält,	Siehe 4.2	
• in der sie sich verpflichtet, die energiebezogene Leistung und das EnMS fortlaufend zu verbessern,	Siehe 10.2	
• die die Beschaffung von energieeffizienten Produkten und Dienstleistungen unterstützt, die Auswirkung auf die ebL haben,	Siehe 8.3	
• die auslegungsbezogene Tätigkeiten unterstützt, die die Verbesserung der ebL berücksichtigen.	Siehe 8.2 Prüfen, denn die Formulierung in der deutschen DIN ISO 50001:2011 war nicht so deutlich.	
Die Politik ist als dokumentierte Information verfügbar.		
Sie ist innerhalb der Organisation bekanntgemacht worden.	Z. B. durch Aushang, Intranet, etc.	
Sie ist für interessierte Parteien verfügbar, soweit angemessen.	Z. B. auf der Webseite des Unternehmens	
Sie wird regelmäßig überprüft und bei Bedarf aktualisiert.	Z. B. im Rahmen der Managementbewertung	
5.3 Rollen, Verantwortlichkeiten und Befugnisse		
Die oberste Leitung stellt sicher, dass die Verantwortlichkeiten und Befugnisse für relevante Rollen zugewiesen und innerhalb der Organisation bekannt gemacht werden.	Z. B. durch Organigramme, Funktionsbeschreibungen etc.	Energiemanagementhandbuch EnMS-Verfahrensanweisung Bestellungsschreiben für EnMB (nicht mehr gefordert) Organigramm Funktionsbeschreibungen Nachweis der EnM-Teamsitzung
Das Energiemanagement-Team ist befugt und verantwortlich dafür,	Ein EnMB ist nicht mehr gefordert.	
• das EnMS einzuführen, zu verwirklichen, aufrechtzuerhalten und fortlaufend zu verbessern,		
• dass das EnMS die Anforderungen der ISO 50001 erfüllt,		
• dass Aktionspläne zur fortlaufenden Verbesserung der ebL umgesetzt werden,	Siehe 6.2	
• in festgelegten Zeitabständen an die oberste Leitung über die Leistung des EnMS und die Verbesserung der ebL zu berichten,		
• Kriterien und Verfahren festzulegen, die für die Gewährleistung einer wirksamen Funktion und Steuerung des EnMS erforderlich sind.		

Normanforderung	Erläuterung	Dokumentationsbeispiele/Nachweise
Normkapitel 6: Planung		
6.1 Maßnahmen zum Umgang mit Risiken und Chancen (6.1.1 und 6.1.2)		
Bei der Planung für das EnMS werden die in 4.1 genannten Themen und die in 4.2 genannten Anforderungen berücksichtigt.	Siehe auch 4.1 und 4.2	Energiemanagementhandbuch EnMS-Verfahrensanweisung Managementbewertung Tool Risiken und Chancen Fotos von Flipcharts
Tätigkeiten und Prozesse werden bewertet, die sich auf die energiebezogene Leistung auswirken können.	Gemeint ist ein Bewerten wie z. B. in der energetischen Bewertung (6.3).	
Die Planung steht im Einklang mit der Energiepolitik und führt zu Maßnahmen, die in einer fortlaufenden Verbesserung der ebL resultieren.	Siehe 6.2 und 8.1	
Die Organisation erkennt Risiken und Chancen, die behandelt werden müssen, um	Quellen: 4.1, 4.2, Tätigkeiten (s. o.), Änderungen, strategische Ausrichtung	
• zu gewährleisten, dass das EnMS seine beabsichtigten Ergebnisse erzielen kann, inklusive der Verbesserung der ebL,	Beabsichtigte Ergebnisse: mindestens fortlaufende Verbesserung des EnMS und der ebL. Ergänzen müsste man die Verpflichtungen der Energiepolitik (5.2), z. B. die Einhaltung relevanter rechtlicher und anderer Anforderungen. Siehe auch Abb. A1 im Anhang der Norm	
• unerwünschte Auswirkungen zu verhindern oder zu verringern,	Unerwünscht für die Organisation	
• eine fortlaufende Verbesserung des EnMS und der ebL zu erreichen.	Verbesserungsmöglichkeiten = Chancen	
Maßnahmen zum Umgang mit diesen Risiken und Chancen werden geplant.	Nur für die, die behandelt werden müssen	
Es wird geplant, wie die Maßnahmen in das EnMS und die Prozesse der eBL integriert und umgesetzt werden.	Siehe auch 8.1	
Es wird geplant, wie die Wirksamkeit dieser Maßnahmen bewertet wird.	Siehe auch 9.1.1	
6.2 Ziele, Energieziele und Planung zu deren Erreichung (6.2.1–6.2.3)		
Ziele (inkl. Energiezielen) sind für relevante Funktionen und Ebenen festgelegt. Die Ziele und Energieziele:	Ziele können strategisch, taktisch oder operativ sein.	Energiemanagementhandbuch EnMS-Verfahrensanweisung Energieplanungsprozess Dokument Ziele, Energieziele und Aktionsplan
• stehen im Einklang mit der Energiepolitik,	Siehe 5.2	
• sind messbar (wenn machbar),	Energieziele haben einen EnPI-Wert und müssen zu einer Verbesserung der ebL führen (siehe Definition 3.4.15) Beachte: keine Ziele zu schon in Kraft befindlichen Anforderungen. Wenn Non-Compliance, dann 10.1.	
• tragen den anwendbaren Anforderungen Rechnung,		
• berücksichtigen die SEU,	Siehe 6.3	
• tragen den Chancen (Möglichkeiten) zur Verbesserung der energiebezogenen Leistung Rechnung,	Siehe 6.3	
• werden überwacht,		
• werden vermittelt,		
• werden, soweit angemessen, aktualisiert.		

Normanforderung	Erläuterung	Dokumentationsbeispiele/Nachweise
Aktionspläne werden festgelegt und aufrechterhalten, die umfassen,		
• Maßnahmen,		
• erforderliche Ressourcen,		
• wer verantwortlich ist,		
• wann die Maßnahme abgeschlossen wird,		
• wie die Ergebnisse bewertet werden, inklusive der Verfahren, die zur Verifizierung der Verbesserung der ebL verwendet werden.	Siehe auch 9.1; der Nachweis der Verbesserung der energiebezogenen Leistung muss immer geführt werden können.	
Es wird beachtet, wie die Maßnahmen zum Erreichen ihrer Ziele und Energieziele in die Geschäftsprozesse integriert werden können.	Wenn möglich, sollten Maßnahmen in die betroffenen Prozesse integriert werden.	
Ziele, Energieziele und Aktionspläne liegen als dokumentierte Information vor.		
6.3 Energetische Bewertung		
Eine energetische Bewertung wird entwickelt und durchgeführt, indem		Energiemanagementhandbuch EnMS-Verfahrensanweisung Energieplanungsprozess VA energetische Bewertung Verbrauchsdaten Sankey-Diagramm Liste der Verbraucher/Nutzer Liste der SEUs Liste mit Energieeinsparpotenzialen
a) Energieeinsätze und -verbräuche auf der Grundlage von Messungen und anderen Daten analysiert werden, i. e.	Alle Quellen, siehe 4.3	
• aktuelle Energiearten ermittelt werden,	Dieser Schritt umfasst auch schon die Analyse der Einzelverbraucher.	
• frühere und aktuelle Energieeinsätze und -verbräuche bewertet werden,		
b) auf der Grundlage der Analyse SEUs definiert werden,	Siehe 3.5.6, hierzu werden Kriterien benötigt.	
c) für jeden SEU		
• relevante Variablen bestimmt werden,	Ggf. statistische Modellierung erforderlich	
• die aktuelle ebL bestimmt wird,		
• diejenigen Personen ermittelt werden, die unter ihrer Aufsicht Tätigkeiten verrichten und die auf die jeweiligen SEUs Einfluss haben oder nehmen,	Kann auch Dienstleister betreffen.	
d) Chancen zur Verbesserung der ebL erkannt und priorisiert werden,	Nicht auf SEU beschränkt	
e) künftige Energieeinsätze und Energieverbräuche abgeschätzt werden.	Nicht auf SEU beschränkt	
Die energetische Bewertung wird in definierten Zeitabständen sowie auch nach größeren Änderungen bei Anlagen bzw. Standorten, Einrichtungen, Systemen oder Energie nutzenden Prozessen aktualisiert.		
Verfahren und Kriterien, die bei der Ausführung der energetischen Bewertung verwendet werden, werden als dokumentierte Information aufrechterhalten.		
Dokumentierte Information zu den Ergebnissen wird aufbewahrt.		

Normanforderung	Erläuterung	Dokumentationsbeispiele/Nachweise
6.4 Energieleistungskennzahlen (EnPI)		
EnPIs werden definiert, die • für die Messung und Überwachung der ebL der Organisation geeignet sind, • es der Organisation ermöglichen, eine Verbesserung der ebL nachzuweisen.	Ein Bündel an repräsentativen EnPI kann geeignet sein.	Energiemanagementhandbuch EnMS-Verfahrensanweisung Energieplanungsprozess EnPIs Leistungsvergleiche Energetische Bewertung
Verfahren zur Bestimmung und Aktualisierung der EnPI(s) werden als dokumentierte Information aufrechterhalten.		
Bei der Festlegung geeigneter EnPIs werden Daten berücksichtigt, die darauf hinweisen, dass relevante Variablen sich wesentlich auf die ebL auswirken (sofern vorliegend).	z. B. Produktionsmengen oder klimatische Daten, Korrelation muss jedoch vorliegen, siehe auch 6.5 zur Normierung.	
EnPI-Werte werden überprüft und mit ihren entsprechenden EnBs (Baseline-Werten) angemessen verglichen.	Unterschied zwischen EnPI und EnPI-Werten beachten	
Dokumentierte Informationen zu EnPI-Werten werden aufbewahrt.		
6.5 Energetische Ausgangsbasis (EnB)		
Die EnBs werden unter Verwendung der Informationen aus der energetischen Bewertung definiert und tragen einem angemessenen Zeitraum Rechnung.		Energiemanagementhandbuch EnMS-Verfahrensanweisung Energieplanungsprozess EnPIs Leistungsvergleiche Energetische Bewertung
Eine Normierung der EnPI-Werte und der entsprechenden EnBs (Basline-Werte) wird vorgenommen, wo Daten vorliegen, die darauf hinweisen, dass relevante Variablen sich wesentlich auf die ebL auswirken.	Normalisierung (3.4.10): Modifizierung von Daten zur Berücksichtigung von Änderungen, um den Vergleich der energiebezogenen Leistung unter gleichwertigen Bedingungen zu ermöglichen (im Deutschen oft auch einfach Normierung)	
EnBs werden modifiziert, wenn einer oder mehrere der folgenden Fälle eintreten:		
• die EnPIs spiegeln nicht länger die ebL der Organisation wider,	Prozessänderungen, die durch die relevanten Variablen erfasst sind, spielen hier keine Rolle.	
• bei den statischen Faktoren gab es größere Veränderungen,	Oft auch als nicht routinemäßige Ereignisse (NRE) bezeichnet	
• übereinstimmend mit einem im Voraus bestimmten Verfahren.		
Informationen zu den EnBs, zu Daten relevanter Variablen und zu Modifikationen der EnBs werden als dokumentierte Information aufbewahrt.		
6.6 Planung der Energiedatensammlung		
Hauptmerkmale der Tätigkeiten, die sich auf die ebL auswirken, werden identifiziert und in geplanten Zeitabständen gemessen, überwacht und analysiert.	Siehe auch 9.1	Energiemanagementhandbuch EnMS-Verfahrensanweisung Energiedatenerfassungsplan
Ein Plan für die Energiedatensammlung ist definiert und umgesetzt, der der Größe, der Komplexität, den Ressourcen der Organisation sowie der Mess- und Überwachungsausrüstung angemessen ist.	Es gibt zwar keine DI-Anforderung an den Plan selbst, aber er muss letztlich nachvollziehbar sein (z. B. in automatische Datenerfassung programmiert).	
Dieser Plan legt die für die Überwachung der Hauptmerkmale erforderlichen Daten fest und gibt an, wie und mit welcher Häufigkeit die Daten gesammelt und aufbewahrt werden müssen.		

Normanforderung	Erläuterung	Dokumentationsbeispiele/Nachweise
Die zu sammelnden (oder, soweit zutreffend, durch Messung zu erfassenden) Daten sowie die aufzubewahrende dokumentierte Information umfassen • die relevanten Variablen bezüglich SEUs, • den Energieverbrauch bezüglich SEUs und der Organisation, • betriebliche Kriterien bezüglich SEUs, • falls zutreffend, statische Faktoren, • in Aktionsplänen definierte Daten. Der Plan wird in festgelegten Zeitabständen überprüft und, soweit angemessen, aktualisiert.		
Die zur Messung von Hauptmerkmalen verwendete Ausrüstung liefert Daten, die genau und wiederholbar sind. Dokumentierte Information zur Messung, Überwachung und zu anderen Mitteln zur Feststellung von Genauigkeit und Wiederholbarkeit wird aufbewahrt.	Eichung/MID, Kalibrierung, Vergleichsmessung, Plausibilitätsprüfung	Prüfmittelkataster Kalibrieraufzeichnungen Plausibilitätsprüfung
Normkapitel 7: Unterstützung		
7.1 Ressourcen		
Erforderliche Ressourcen für den Aufbau, die Verwirklichung, die Aufrechterhaltung und die fortlaufende Verbesserung des EnMS und der ebL sind bestimmt und bereitgestellt.	Ressourcen: Mitarbeiter, Fachkompetenzen, Technologie, Datensammlungsinfrastruktur und finanzielle Ressourcen (A.7.1)	Energiemanagementhandbuch EnMS-Verfahrensanweisung Managementbewertung Aktionsplan
7.2 Kompetenz		
Die erforderliche Kompetenz ist bestimmt für Personen, die unter Aufsicht der Organisation Tätigkeiten verrichten, die die ebL und das EnMS beeinflussen. Diese Personen sind aufgrund angemessener Ausbildung, Schulung, Fertigkeiten oder Erfahrung kompetent.	Kann auch Dienstleister einschließen.	Energiemanagementhandbuch EnMS-Verfahrensanweisung Schulungsnachweise Qualifikationsmatrix Zeugnisse Nachweise zur Bewertung der Wirksamkeit von Maßnahmen
Wenn erforderlich, werden Maßnahmen eingeleitet, um die benötigte Kompetenz zu erwerben und die Wirksamkeit der getroffenen Maßnahmen zu bewerten. Angemessene dokumentierte Information wird als Nachweis der Kompetenz aufbewahrt.	Z. B. Schulung, Mentoring, Versetzung von gegenwärtig angestellten Personen, Anstellung oder Beauftragung anderer kompetenter Personen	
7.3 Bewusstsein		
Personen, die unter Aufsicht der Organisation Tätigkeiten verrichten, sind sich folgender Punkte bewusst:	Kann auch Dienstleister einschließen.	Energiemanagementhandbuch EnMS-Verfahrensanweisung Mitarbeiterinformation zum EnM
• Energiepolitik,	Siehe 5.2	
• ihres Beitrags zur Wirksamkeit des EnMS, einschließlich des Erreichens von Zielen und Energiezielen und der Vorteile einer verbesserten ebL,	Siehe 6.2	

Normanforderung	Erläuterung	Dokumentationsbeispiele/Nachweise
• des Einflusses ihrer Tätigkeiten oder ihres Verhaltens hinsichtlich der ebL, • der Folgen einer Nichterfüllung der Anforderungen des EnMS.		
7.4 Kommunikation		
Interne und externe Kommunikation in Bezug auf das EnMS ist bestimmt. Folgendes ist festgelegt: • Worüber wird kommuniziert? • Wann wird kommuniziert? • Mit wem wird kommuniziert? • Wie wird kommuniziert? • Wer kommuniziert?		Energiemanagementhandbuch EnMS-Verfahrensanweisung VA zum Verbesserungsvorschlagwesen VA Kommunikation Managementbewertung Organigramm Umweltbericht/CSR-Bericht
Die vermittelte Information stimmt mit der innerhalb des EnMS erzeugten Information überein und ist zuverlässig.		
Prozesse sind eingeführt und umgesetzt, die es jeder Person, die unter Aufsicht der Organisation Tätigkeiten verrichtet, ermöglicht, Kommentare oder Verbesserungsvorschläge zum EnMS und zur ebL abzugeben.	Z. B. Betriebliches Vorschlagswesen für Energie	
Die Organisation erwägt, dokumentierte Information zu Verbesserungsvorschlägen aufzubewahren.	Keine harte DI-Anforderung	
7.5 Dokumentation (7.5.1–7.5.3)		
Das EnMS enthält die von der ISO 50001 geforderte dokumentierte Information. Das EnMS enthält dokumentierte Information, die die Organisation als notwendig für die Wirksamkeit des EnMS und für den Nachweis der Verbesserung der ebL bestimmt hat.	Der Umfang dokumentierter Information für ein EnMS kann von Organisation zu Organisation unterschiedlich sein.	Energiemanagementhandbuch EnMS-Verfahrensanweisung VA Lenkung von Dokumenten und Aufzeichnungen Aufzeichnungsliste
Eine angemessene Kennzeichnung und Beschreibung (beispielsweise Titel, Datum, Autor oder Referenznummer) ist gewährleistet. Ein angemessenes Format (beispielsweise Sprache, Softwareversion, Grafiken) und Medium (beispielsweise Papier, elektronisch) ist gewährleistet. Die dokumentierte Information wird im Hinblick auf Eignung und Angemessenheit angemessen überprüft und genehmigt. Die für das EnMS erforderliche und von der Norm geforderte dokumentierte Information wird gelenkt, um sicherzustellen, dass sie • verfügbar und für die Verwendung geeignet ist, wo und wann sie benötigt wird, • angemessen geschützt wird (beispielsweise vor Verlust der Vertraulichkeit, vor unsachgemäßem Gebrauch oder vor Verlust der Integrität).	Die neue Norm unterscheidet in DI zum Aufrechterhalten (früher Vorgabedokumente) und DI zum Aufbewahren (früher Aufzeichnungen).	
Falls zutreffend, werden folgende Tätigkeiten zur Lenkung dokumentierter Information berücksichtigt:	Abhängig vom Dokumententyp	

Normanforderung	Erläuterung	Dokumentationsbeispiele/Nachweise
• Verteilung, Zugriff, Auffindung und Verwendung, • Ablage bzw. Speicherung und Erhaltung, inkl. Erhaltung der Lesbarkeit, • Überwachung von Änderungen (beispielsweise Versionskontrolle), • Aufbewahrung und Verfügung über den weiteren Verbleib.		
Dokumentierte Information externer Herkunft, die von der Organisation als notwendig für Planung und Betrieb des EnMS definiert wurde, wird angemessen gekennzeichnet und gelenkt.		
Normkapitel 8: Betrieb		
8.1 Betriebliche Planung und Steuerung		
Prozesse, die mit SEUs in Zusammenhang stehen und zur Erfüllung der Anforderungen sowie zur Durchführung der in 6.2 festgelegten Maßnahmen erforderlich sind, werden geplant, verwirklicht und gesteuert, indem		Energiemanagementhandbuch EnMS-Verfahrensanweisung AA mit operativen Kriterien IH/Wartungs- und Prüfplan Betriebstagebuch VA Änderungsmanagement (MOC)
• Kriterien für die Prozesse definiert werden, einschließlich des wirksamen Betriebs sowie der Instandhaltung der Anlagen bzw. Standorte, Einrichtungen, Systeme und Energie nutzenden Prozesse, wo das Fehlen derartiger Kriterien zu einer signifikanten Abweichung von der vorgesehenen ebL führen kann,	Kriterien = Bedingungen, Entscheidungsregeln Was eine signifikante Abweichung ist, bestimmt die Organisation.	
• wesentlichen Personen, die unter Aufsicht der Organisation Tätigkeiten verrichten, diese Kriterien auch vermittelt werden,		
• die Steuerung der Prozesse in Übereinstimmung mit den Kriterien durchgeführt wird, inklusive Betrieb und Instandhaltung von Anlagen bzw. Standorten, Einrichtungen, Systemen und Energie nutzenden Prozessen in Übereinstimmung mit den festgelegten Kriterien,		
• dokumentierte Information im notwendigen Umfang bereitgehalten wird, sodass darauf vertraut werden kann, dass die Prozesse planmäßig durchgeführt wurden.	Solange die Prozesse wirksam sind, ist der notwendige Umfang gegeben.	
Geplante Änderungen werden überwacht.	Änderungsmanagement, Änderungen können auch mit Risiken und Chancen verbunden sein.	
Die Folgen unbeabsichtigter Änderungen werden beurteilt.		
Falls notwendig, werden Maßnahmen ergriffen, um jegliche negativen Auswirkungen zu vermindern.		
Ausgegliederte SEUs bzw. ausgegliederte Prozesse, die mit den SEUs der Organisation zusammenhängen, werden gesteuert.	Siehe auch 8.3	

Normanforderung	Erläuterung	Dokumentationsbeispiele/Nachweise
8.2 Auslegung		
Bei der Auslegung neuer, veränderter oder renovierter Anlagen bzw. Standorte, Einrichtungen, Systeme und Energie nutzender Prozesse, die einen wesentlichen Einfluss auf ihre ebL über die geplante oder erwartete Nutzungsdauer haben können, werden Möglichkeiten zur Verbesserung der ebL und die betriebliche Steuerung berücksichtigt. Wo zutreffend, werden die Ergebnisse der Betrachtungen bzgl. der ebL in die Spezifikation, Auslegung und Beschaffungstätigkeiten mit einbezogen. Dokumentierte Information zu Auslegungstätigkeiten, die mit der ebL im Zusammenhang steht, wird aufbewahrt.	Einschränkung auf Prozesse, die einen wesentlichen Einfluss auf die energiebezogene Leistung haben (z. B. SEU, Prozesse mit Energiezielen) TCO-Betrachtung hilfreich (Total cost of ownership)	Energiemanagementhandbuch EnMS-Verfahrensanweisung Spezifikationen CAPEX VA Auslegung/Design Vorgaben für Neubeschaffung
8.3 Beschaffung		
Kriterien für die Bewertung der ebL über die geplante oder erwartete Nutzungsdauer sind festgelegt und umgesetzt, wenn die Organisation Energie nutzende Produkte, Einrichtungen und Dienstleistungen beschafft, von denen eine wesentliche Auswirkung auf die ebL erwartet wird. Bei der Beschaffung von Energie nutzenden Produkten, Einrichtungen und Dienstleistungen, die eine Auswirkung auf die SEUs haben oder haben können, werden die Lieferanten darüber informiert, dass die ebL eines der Bewertungskriterien für die Beschaffung ist. Wo zutreffend, sind Spezifikationen festgelegt und vermittelt, um die ebL beschaffter Einrichtungen und Dienstleistungen zu gewährleisten. Spezifikationen für die Energiebeschaffung sind festgelegt und vermittelt.	Einschränkung auf Prozesse, die einen wesentlichen Einfluss auf die energiebezogene Leistung haben (z. B. SEU, Prozesse mit Energiezielen) TCO-Betrachtung hilfreich; siehe auch Öko-Design-RL Einschränkung auf SEU Mengen- und Qualitätsangaben, Verfügbarkeit, siehe A.8.3	Energiemanagementhandbuch EnMS-Verfahrensanweisung Spezifikationen CAPEX VA Auslegung/Design Vorgaben für Neubeschaffung Verträge mit dem Stromversorger Verträge mit dem Gasversorger Einkaufsbedingungen
Normkapitel 9: Bewertung der Leistung		
9.1 Überwachung, Messung, Analyse und Bewertung der energiebezogenen Leistung und des EnMS		
Die Organisation legt fest, a) was überwacht und gemessen werden muss, mindestens: • die Wirksamkeit der Aktionspläne in Bezug auf die Erreichung von Zielen und Energiezielen, • die EnPI(s), • der Betrieb der SEUs, • der tatsächliche gegenüber dem erwarteten Energieverbrauch. b) die Methoden zur Überwachung, Messung, Analyse und Bewertung, soweit vorhanden, um gültige Ergebnisse zu gewährleisten, c) wann überwacht und gemessen wird, d) wann die Ergebnisse der Überwachung und Messung analysiert und bewertet werden.	Siehe auch Plan zur Energiedatensammlung (6.6)	Energiemanagementhandbuch EnMS-Verfahrensanweisung AA mit Angaben von Akzeptanzbereichen Messplan/Plan zur Energiedatenerfassung Prüfmittelkataster Betriebstagebücher PLT – Aufzeichnungen Lastganganalysen Aufzeichnungen zu Untersuchungen bei Abweichungen

Normanforderung	Erläuterung	Dokumentationsbeispiele/Nachweise
Die ebL und die Wirksamkeit des EnMS werden bewertet.		
Die Verbesserung der ebL wird durch einen Vergleich der EnPI-Werte mit den entsprechenden EnBs bewertet.	Siehe 6.4 und 6.5	
Wesentliche (bestimmt die Org.) Abweichungen von der ebL werden untersucht und es wird darauf reagiert.	Die Org. definiert, was eine wesentliche Abweichung ist (siehe auch 8.1). Bei diesen Abweichungen handelt es sich nicht um Nichtkonformitäten.	
Dokumentierte Information zu den Ergebnissen der Untersuchung und der Reaktion darauf wird aufbewahrt.		
Angemessene dokumentierte Information zu den Ergebnissen der Überwachung und Messungen wird aufbewahrt.		
9.1.2 Compliance-Bewertung		
In geplanten Abständen wird die Einhaltung rechtlicher und anderer Anforderungen bezüglich ihrer Energieeffizienz, ihres Energieeinsatzes, ihres Energieverbrauchs und des EnMS bewertet.	Siehe auch 4.2; es geht hier um die Bewertung der Einhaltung und nicht um die Identifizierung und Umsetzung.	Energiemanagementhandbuch EnMS-Verfahrensanweisung VA Rechtliche und andere Anforderungen Compliance Auditbericht Interner Auditbericht (inkl. Compliance-Bewertung) Rechtskataster mit Compliance Bewertung Inspektionsbericht Sachverständigengutachten
Dokumentierte Information zu den Ergebnissen der Compliance-Bewertung und zu allen ergriffenen Maßnahmen wird aufbewahrt.	Siehe auch 9.3 und 10.1 Falls intern nichts anderes festgelegt ist, muss bei einem zertifizierten System dieser Punkt nach der Erstzertifizierung mindestens einmal in drei Jahren erfüllt sein.	
9.2 Internes Systemaudit (9.2.1- 9.2.2)		
In geplanten Abständen werden interne EnMS-Audits durchgeführt, um Informationen darüber zu erhalten, ob das EnMS		Energiemanagementhandbuch EnMS-Verfahrensanweisung VA Interne Systemaudits
• die ebL verbessert,	Zeitlich begrenzte Phasen ohne Verbesserung der Leistung können konform sein (siehe Erläuterungen zu fortlaufend bei A.10).	
• mit den Anforderungen der Organisation an ihr EnMS übereinstimmt,		
• mit der Energiepolitik, den Zielen und Energiezielen, wie von der Organisation festgelegt, übereinstimmt,		
• mit den Anforderungen der ISO 50001 übereinstimmt,	Nichtkonformitäten nicht mit den Abweichungen von 8.1 und 9.1.1 verwechseln	
• wirksam verwirklicht und aufrechterhalten wird.		
Ein Auditprogramm wird geplant, eingeführt, verwirklicht und aufrechterhalten, das die Bedeutung der betroffenen Prozesse und die Ergebnisse vorheriger Audits berücksichtigt.	Weitere Details siehe ISO 19011:2018	Auditprogramm Auditplan Auditbericht Nichtkonformitätsberichte Checklisten Auditorenverzeichnis Auditorenqualifikation
Dieses Auditprogramm schließt die Häufigkeit von Audits, Methoden, Verantwortlichkeiten, Anforderungen an die Planung sowie die Berichterstattung mit ein.		
Für jedes Audit sind die Auditkriterien sowie der Umfang festgelegt.		
Auditoren werden so ausgewählt und Audits so durchgeführt, dass Objektivität und Unparteilichkeit des Auditprozesses sichergestellt sind.		

Normanforderung	Erläuterung	Dokumentationsbeispiele/Nachweise
Die Ergebnisse der Audits werden der zuständigen Leitung berichtet. Geeignete Maßnahmen nach 10.1 und 10.2 werden ergriffen. Dokumentierte Information wird als Nachweis der Verwirklichung des Auditprogramms und der Ergebnisse der Audits aufbewahrt.		
9.3 Managementbewertung (9.3.1–9.3.4)		
Die oberste Leitung bewertet das EnMS in geplanten Abständen, um dessen fortdauernde Eignung, Angemessenheit, Wirksamkeit und Übereinstimmung mit der strategischen Ausrichtung der Organisation zu gewährleisten. INPUT (Systemisch)		Energiemanagementhandbuch EnMS-Verfahrensanweisung Managementbewertung
Die Managementbewertung berücksichtigt folgende Aspekte: • Status von Maßnahmen vorheriger Managementbewertungen, • Veränderungen bei externen und internen Themen und damit verbundenen Risiken und Chancen das EnMS betreffend, • Informationen über die Leistung des EnMS, inklusive Entwicklungen bei Nichtkonformitäten und Korrekturmaßnahmen, Ergebnissen von Überwachungen und Messungen, Auditergebnissen, Ergebnissen der Compliance-Bewertung (9.1.2) • Möglichkeiten zur fortlaufenden Verbesserung, auch im Hinblick auf die Kompetenz, • Energiepolitik.	Im Englischen: consideration of = berücksichtigen; die deutsche Übersetzung der Norm schreibt hier „einschließen".	
Der INPUT bezüglich der ebL schließt mit ein • das Ausmaß, in dem die Ziele und Energieziele erreicht wurden, • die ebL und die Verbesserung der ebL auf der Grundlage von Überwachungs- und Messergebnissen inklusive der EnPI(s), • den Stand der Aktionspläne. OUTPUT Die ERGEBNISSE der Managementbewertung enthalten Entscheidungen zu Möglichkeiten der fortlaufenden Verbesserung sowie zu jeglichem Änderungsbedarf am EnMS einschließlich • der Möglichkeiten zur Verbesserung der ebL, • der Energiepolitik, • der EnPIs oder EnBs,	Hier steht auch im Englischen ein striktes „shall include".	Erfüllungsgrad der Ziele/Aktionsplan Forecast Leistungsvergleiche
• der Ziele, Energieziele, Aktionspläne und anderer Elemente des EnMS und der Maßnahmen, die bei Nichterreichen ergriffen werden, • der Möglichkeiten zur Verbesserung der Integration in Geschäftsprozesse,	Beachte: Hier liegt in der deutschen Normversion ein kleiner Übersetzungsfehler vor.	

Normanforderung	Erläuterung	Dokumentationsbeispiele/Nachweise
• der Bereitstellung von Ressourcen, • der Verbesserung von Kompetenz, Bewusstsein und Kommunikation. Dokumentierte Information wird als Nachweis der Ergebnisse der Managementbewertungen aufbewahrt.		
Normkapitel 10: Verbesserung		
10.1 Nichtkonformitäten und Korrekturmaßnahmen		
Im Falle einer NC • wird darauf reagiert, und falls zutreffend, 1. werden Maßnahmen zur Überwachung (Steuerung) und zur Korrektur ergriffen, 2. wird mit den Folgen umgegangen,	Achtung: Abschnitt 10.2 in anderen Normen	Energiemanagementhandbuch EnMS-Verfahrensanweisung VA Korrektur- und Vorbeugungsmaßnahmen Fehlerursachenanalyse Maßnahmenplan (CAPA)
• wird die Notwendigkeit von Maßnahmen zur Beseitigung der Ursachen von NCs bewertet, damit diese nicht erneut oder an anderer Stelle auftreten, und zwar durch 1. eine Überprüfung der NC,	Wenn Korrekturmaßnahmen als unangemessen betrachtet werden (z. B. bei geringfügigen Minor NC), dann können die folgenden Schritte entfallen.	
2. Bestimmung der Ursachen der NC,	Z. B. mit 5-Why	
3. die Bestimmung, ob vergleichbare NCs bestehen oder möglicherweise auftreten können,		
• werden jegliche erforderlichen Maßnahmen eingeleitet,	Es kann Situationen geben, in denen keine Korrekturmaßnahmen erforderlich sind.	
• wird die Wirksamkeit jeglicher ergriffener Korrekturmaßnahme überprüft, • werden Änderungen am EnMS vorgenommen, sofern erforderlich. • Korrekturmaßnahmen sind den Auswirkungen der aufgetretenen NC angemessen. • Dokumentierte Information wird aufbewahrt über o die Art der NCs und ergriffene Folgemaßnahmen,		
o die Ergebnisse jeglicher Korrekturmaßnahme.	Hier ist das Ergebnis der Wirksamkeitsprüfung gemeint.	
10.2 Fortlaufende Verbesserung		
Eignung, Angemessenheit und Wirksamkeit des EnMS werden fortlaufend verbessert.	Umsetzung von systemischen Verbesserungspotenzialen und Aktivitäten aus 10.1	Energiemanagementhandbuch EnMS-Verfahrensanweisung Leistungsvergleich Projekte Dash-Board
Die fortlaufende Verbesserung der ebL-Leistung wird nachgewiesen.	Definition von „fortlaufend“ beachten (A.10): Wenn über mehrere Jahre gar keine Verbesserung nachgewiesen werden kann, liegt eine NC vor.	